高压并联电容器典型故障
案例分析及措施

褚双伟　主　编

郑　琰　齐超亮　景中焰　陈志刚　副主编

中国电力出版社
CHINA ELECTRIC POWER PRESS

内 容 提 要

本书从运检管理的视角出发，探究设备原理结构，总结典型案例经验，追溯设计、物资、安装调试等环节，突出实际实用特点，力图为相关从业者提供简单易学的技能提升手段和便捷实用的运检经验参考，以期进一步提高并联电容器装置运行的可靠性。

全书共六章，主要包括电力系统无功功率基础知识、并联电容器装置及其配套设备、并联电容器装置的保护与控制、并联电容器装置故障典型案例、并联电容器的发热与监测、并联电容器装置运行可靠性分析。

本书可供电力行业并联电容器装置相关设计、物资、安装调试、运维检修等从业人员参考使用，也可供大专院校相关专业师生学习查阅。

图书在版编目（CIP）数据

高压并联电容器典型故障案例分析及措施/褚双伟主编. —北京：中国电力出版社，2023.5

ISBN 978-7-5198-7290-8

Ⅰ. ①高⋯ Ⅱ. ①褚⋯ Ⅲ. ①高压电容器－并联电容器－故障诊断 Ⅳ. ①TM531

中国版本图书馆 CIP 数据核字（2022）第 226831 号

出版发行：中国电力出版社
地　　址：北京市东城区北京站西街 19 号（邮政编码 100005）
网　　址：http://www.cepp.sgcc.com.cn
责任编辑：薛　红
责任校对：黄　蓓　郝军燕
装帧设计：张俊霞
责任印制：石　雷

印　　刷：三河市万龙印装有限公司
版　　次：2023 年 5 月第一版
印　　次：2023 年 5 月北京第一次印刷
开　　本：710 毫米×1000 毫米　16 开本
印　　张：10.5
字　　数：185 千字
印　　数：0001—1500 册
定　　价：52.00 元

编 委 会

电力行业作为社会发展的基础产业,为人类的生产、生活等各类活动提供了持续、便捷的能源。随着电力客户体验度需求的提高以及先进制造业中各类精密设备仪器的应用,电网负荷对于电能质量的要求越来越高,加之响应国家节能降损号召的需要,保障并联电容器这一电网无功补偿装置的可靠运行显得至关重要。本书从运检管理的视角出发,探究设备原理结构,总结典型案例经验,追溯设计、物资、安装调试等环节,突出实际实用特点,力图为相关从业者提供简单易学的技能提升手段和便捷实用的运检经验参考,以期进一步提高并联电容器装置运行的可靠性。

本书共六章。第一章以交流电力系统无功功率基础知识及其作用为引入点,介绍了电力系统中无功负荷及无功电源。第二章由无功功率平衡特性引入系统无功配置原则及系统中常用的无功电源——并联电容器装置,系统介绍并联电容器装置分类、组成、入网要求等后,以设备选型与主要性能指标为重点,详细介绍了电容器(组)、开关设备、串联电抗器、放电线圈等与并联电容器装置配套的一次设备,并在第三章中对保证一次设备平稳运行的保护与控制回路进行简要分析。第四章在深入分析电容器群爆、载流回路发热、系统谐波等故障案例基础上,总结归纳了可研初设、安装调试、运维检修等阶段典型经验。第五章结合并联电容器较为多见的发热问题,分析其产生原因,提出应对措施,并介绍了在线监测和不拆引线的电容量新测法。根据多年并联电容器装置运检管理经验,笔者在第六章从设计、安装、运检等环节提出了提高并联电容器装置运行可靠性的运检策略。

本书由国网河南省电力公司郑州供电公司组织编写,国网河南省电力公司郑州供电公司褚双伟主编、郑琰、齐超亮、景中焰、陈志刚副主编。

在编写过程中，国网河南省电力公司、苏州电力电容器有限公司等单位的专家给予了大力支持，在此一并表示感谢。

电网设备发展日新月异，加之编者水平有限，书中难免有疏漏或不当之处，欢迎各位专家、读者批评指正。

编　者

二〇二二年十二月

目录

第一章　电力系统无功功率基础知识

无功功率是相对于有功功率的一种能量形式，其本质为电能向磁场、电场能量的反复转换。无功功率的大量传输将对电源容量和线路传输能力造成影响，并在线路中产生严重损耗。因此，通过各种手段对电力系统中的无功需求进行补偿，减少无功功率的传输，对于实现电力系统安全经济运行有着极为重要的意义。本章着重介绍交流系统正弦电及无功功率的基本概念，以及电力系统中无功功率平衡特性方面的内容。

第一节　正弦电的基本概念

一、交流电的概念

有别于方向始终一致且不随时间周期性变化的直流电，交流电的电压（电流）方向随时间周期性交替变化。当今电力系统中广泛采用正弦交流电，其电压（电流）的变化符合正弦规律变化，以电流为例，其瞬时值可表示为 $i = I_m \sin(\omega t + \varphi)$ I_m，其变化规律的波形图如图 1-1 所示。

瞬时值 i 的公式中，$\omega t + \varphi$ 称为相位角，反映了正弦量随时间变化的进程。φ 为初相角，是当 $t = 0$ 的相位角。

ω 为角频率，是相位角随时间的变化速率。一个完整正弦波形的相位角为 2π 弧度。

I_m 为正弦量的峰值，也叫幅值或最大值。

图 1-1　正弦波形图

从以上可看出，正弦量由 I_m、ω、φ 三个参数决定。这三个参数成为正弦量的特征值，也称为三要素。

除此之外，正弦量还有两个常用量：频率和周期，二者均与角频率相关，可以进行相互换算。频率表示正弦量每秒变化的次数，单位为赫兹（Hz），用 f

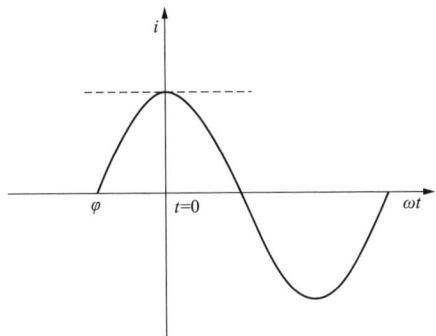

表示，与 ω 的关系是 $\omega = 2\pi f$。周期表示正弦量完成一次变化所需的时间，用 T 表示，单位是秒（s），周期与频率互为倒数关系，可以表示为 $T = \dfrac{1}{2\pi f}$。

我国的交流电力系统所用的电源频率为 50Hz，称为工频，工频交流电周期为 0.02s，角频率 $\omega = 2\pi f = 314\text{rad}/\text{s}$。

考虑到交流电的瞬时值随时间变化，在实际中常使用有效值来表征正弦电压、电流的大小。以交流电流为例，其有效值等于在某一时间段内与其具有相同热效应的直流电流数值。以一个周期为例，当电阻值固定时，正弦电流流经该电阻所产生的热效应为

$$Q = \int_0^T i^2 \cdot R\mathrm{d}t = \frac{1}{2}I_\mathrm{m}^2 RT \tag{1-1}$$

直流电流产生的热效应为

$$P = I^2 RT$$

当 $p = Q$ 时，I 为正弦电流的有效值，经计算可知，正弦电流的幅值和有效值的关系为 $I = \dfrac{1}{\sqrt{2}}I_\mathrm{m}$，同理，正弦电压幅值和有效值也具有相同的关系，即 $U = \dfrac{1}{\sqrt{2}}U_\mathrm{m}$。

正弦电流和电压的瞬时值和其有效值的关系也可表达为

$$i = \sqrt{2}I\sin(\omega t + \varphi) \tag{1-2}$$

通常情况下工程上指的正弦交流电压、电流均为有效值，例如，我国工频市电电压有效值为 220V，由此可算出峰值应为 311V。

二、相量概念

上节提到，一个正弦量的三要素为电流幅值、角频率及初相角。在实际计算中，使用相量来表示正弦量可以极大简化计算程序，也便于交流电路功率概念的引入。

在复变函数中，某一复数 A 可以表示为 $A = a + \mathrm{j}b$，其中 a 为实部，$\mathrm{j}b$ 为虚部，实部和虚部是确定复数 A 的两个独立变量。

在复平面中，复数 A 的表示有直角坐标和极坐标两种方式，两种坐标下的对应关系如图 1-2 所示。

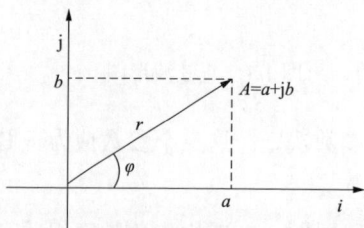

图 1-2　直角坐标和极坐标下对应关系

图中，$r = \sqrt{a^2 + b^2}$，$\sin\varphi = \dfrac{b}{r}$

可以看出，在极坐标下的复数由两个独立变量为模 r 和幅角 φ 确定。分析线性电路时，在电路频率已知的前提下，正弦量由幅值（或有效值）及其初相角确定。可以看出，对于某交流正弦线路中单一的电压或电流量使用极坐标式表示显得更为直观，便于对应。而在进行加减运算时，则转化为直角坐标，便于计算。

使用复数表达电路中的交流正弦量，称之为相量，通常在大写字母上标注"·"表示。例如当某一正弦电流幅值为 I_m，初相角为 φ，则用相量可以表示为 $\dot{I} = I_m \angle \varphi$（需要注意的是，只有在事先明确了频率时，某一正弦量与其相量才具备一一对应的关系）。

按照正弦量大小和初相角画出的图形称之为相量图，如图 1-3 所示，电压 $\dot{U}$ 比电流 $\dot{I}$ 超前了 φ 角度，φ 称为相位差。

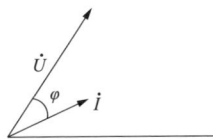

图 1-3　电压 $\dot{U}$、电流 $\dot{I}$ 相量图

可以看出，在同一个时间点，两个同频正弦量的相位差仅与其初相角有关。同时，当相量 $\dot{A}$ 超前相量 $\dot{B}\dfrac{\pi}{2}$ 相位时，有 $\dot{A} = j\dot{B}$，称为 $\dot{A}$ 与 $\dot{B}$ 正交；当 $\dot{A}$ 与 $\dot{B}$ 反向时，有 $\dot{A} = -\dot{B}$，可看作 $\dot{A}$ 超前 $\dot{B}$（或 $\dot{B}$ 超前 $\dot{A}$）π 角度。

第二节　无功功率基础知识

实际交流电路中，电压和电流都是随时间交变的正弦量，按照功率的定义，瞬时功率的计算式为 $p = ui$。考虑到电能计量和工程计算实际，通常不用瞬时功率而使用平均功率来描述电路的功率情况。平均功率是指瞬时功率在一个周期内的平均值，用大写字母 P 表示，其定义为

$$P = \frac{1}{T}\int_0^T i^2 \cdot R \mathrm{d}t \qquad (1\text{-}3)$$

如图 1-4 所示，在一个纯电阻元件 R 上施加正弦交流电压 $u = \sqrt{2}U\sin\omega t$，流经该电阻的交流电流为 i，根据欧姆定律 $u = iR$，则该电阻电路的瞬时功率为

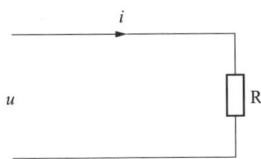

图 1-4　纯电阻电路

$$p = ui = \frac{2}{R}U^2\sin^2\omega t \qquad (1\text{-}4)$$

根据平均功率的定义

$$P = \frac{1}{T}\int_0^T p\mathrm{d}t = \frac{1}{T}\int_0^T \frac{2}{R}U^2\sin^2\omega t\mathrm{d}t = \frac{1}{T}\int_0^T \frac{U^2}{R}(1-\cos 2\omega t)\mathrm{d}t \qquad (1\text{-}5)$$

式中，$\cos 2\omega t$ 在 $0 \sim T$ 周期内积分值为 0，故 $P = \dfrac{U^2}{R}$。从上述计算中可看出，交流正弦电阻电路中电压和电流时刻保持相同相位，瞬时功率始终为正值，表明电阻一直吸收电路中的电功率，从物理学角度分析，电阻吸收的能量完全以发热的形式转化，并未以其他形式储存。

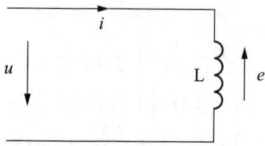

如图 1-5 所示，在一个电感线圈上流经交变电流 i，线圈两端将产生感应电动势 e，e 与电感元件端电压 u 大小相等、方向相反。在电感量不变的情况下，e（即 $-u$）的大小和电流 i 的变化率有关，即 $u = -e = L\dfrac{\mathrm{d}i}{\mathrm{d}t}$。

图 1-5 电感电路

设 $i = \sqrt{2}I\sin\omega t$，可得

$$u = L\frac{\mathrm{d}i}{\mathrm{d}t} = \sqrt{2}\omega L I \cos\omega t \tag{1-6}$$

由此可知，在正弦交流电感回路中，电流相位滞后电压相位 $\pi/2$ 角度，用相量表示为 $\dot{U} = \mathrm{j}\omega L\dot{I}$。式中，$\omega L$ 具有电阻的量纲，称为感抗，用 X_L 表示，反映电感线圈对正弦交流电流的阻碍能力，符合通低频、阻高频的规律，当 I 为稳态直流时，感抗值为 0，相当于短路。

电感电路的瞬时功率为

$$p = ui = \sqrt{2}\omega L I \cos\omega t \cdot \sqrt{2}I\sin\omega t = \omega L I^2 \sin 2\omega t \tag{1-7}$$

平均功率为

$$P = \frac{1}{T}\int_0^T p\,\mathrm{d}t = \frac{1}{T}\int_0^T \omega L I^2 \sin 2\omega t\,\mathrm{d}t = 0 \tag{1-8}$$

从式（1-8）可看出，纯电感电路一周期内的平均功率为 0，电感元件与电源间以二倍频进行能量交换。从物理学角度分析，电感元件吸收电源能量并以磁场形式储存，又将储存的磁场能量以电功率形式返回至电源。对于并无能量消耗、但客观上又有能量交换的功率叫做无功功率，用 Q 表示，单位是乏（var）。电感元件在交流正弦电压作用下消耗的无功功率叫做感性无功功率。在电力系统中存在大量的感性用电设备（电动机、日光灯等），故感性无功功率又称为无功负荷。

尽管不存在能量的消耗，但电源在与用电设备间能量交换的过程中会在线路上流经一定量的无功电流。线路载流量一定时，无功电流将影响有功功率的传输，使线路容量得不到充分发挥。同时，由于实际线路上存在电阻，无功电流在电阻上会形成压降和有功损耗。因此，要进行无功功率的研究和治理。

如图 1-6 所示，在电压 u 的作用下，电容元件 C 存储的电荷量为 q，电容元件的电容量、电压、电荷量关系为 $C = \dfrac{Q}{U}$。

电荷的变化产生电流，故电容电流 $i = C\dfrac{\mathrm{d}u}{\mathrm{d}t}$。设

$u = \sqrt{2}U\sin\omega t$，可得

图 1-6　电容电路

$$i = \sqrt{2}\omega CU\cos\omega t \tag{1-9}$$

从式（1-9）中可看出，交流正弦电路中，流经电容的电流相位超前电压 $\pi/2$ 角度。用相量表示为 $\dot{I} = \mathrm{j}\omega C\dot{U}$，即 $\dot{U} = -\mathrm{j}\dfrac{1}{\omega C}\dot{I}$，式中 $\dfrac{1}{\omega C}$ 也具有电阻的量纲，称为容抗，用 X_C 表示。X_C 与电源频率成反比，符合电容元件隔直通交的规律。

与电感电路进行对比，在纯电容电路中，同样电容电流 $i = \sqrt{2}I\sin\omega t$，可得

$$u = \frac{1}{C}\int i\,\mathrm{d}t = -\frac{\sqrt{2}}{\omega C}I\cos\omega t \tag{1-10}$$

电容电路的瞬时功率为

$$p = ui = -\frac{1}{\omega C}I^2\sin 2\omega t \tag{1-11}$$

平均功率为

$$P = \frac{1}{T}\int_0^T p\,\mathrm{d}t = 0 \tag{1-12}$$

从式（1-12）可看出，该电容电路的一周期内的平均功率同样为 0，电容元件与电源间以二倍频率进行能量交换。从物理学角度分析，电容元件吸收电源能量并以电场形式储存，又将储存的电场能量以电功率形式返回至电源。电容元件在交流正弦电压作用下所消耗的无功功率叫做容性无功功率，用 Q_c 表示，单位是乏（var）。

从电感和电容的瞬时功率表达式可看出，在同一系统中的任一时刻，容性无功和感性无功符号相反，可看作是容性元件向系统中提供了感性无功，故又将容性无功功率称作无功电源。利用这一特性，人为地进行无功电源的配置，从而改变系统中的无功电流，即无功补偿的基本思路。

在实际交流正弦电路中，应同时存在电阻、电容、电感等元件。在频率相同但电路的电压与电流之间不一定满足正交关系时，可使用相量表示，即 $\dot{I} = I\angle\alpha$，$\dot{U} = U\angle\beta$。则 $\dfrac{\dot{U}}{\dot{I}}$ 称为复阻抗，用 $\dot{Z}$ 表示，即 $\dot{Z} = \dfrac{U}{I}\angle(\beta - \alpha)$。

变换至直角坐标下，则有

$$Z = R + jX \qquad (1\text{-}13)$$

其中

$$R = \frac{U}{I}\cos(\beta - \alpha)$$

$$X = \frac{U}{I}\sin(\beta - \alpha)$$

其中 $\dfrac{U}{I}$ 称为复阻抗 $\dot{Z}$ 的模，称为阻抗值，其幅角 $(\beta - \alpha)$ 称为阻抗角。电路可等效为电阻元件与电感元件的串联。

从正弦交流电路功率表达式看出，电路的瞬时功率可分为两部分，一部分是恒定的功率，为等效电阻元件所消耗的功率，即有功功率，用 P 来表示，大小等于 I^2R；另一部分为消耗在等效电感或电容元件上二倍频交变分量，即无功功率，用 Q 来表示，其值为 $-\omega CU^2$ 或 ωLI^2。其关系同样可用一个直角三角形表示，如图 1-7 所示。

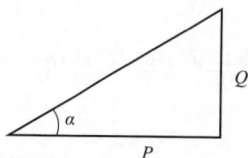

图中 α 称为功率因数角；$\cos\alpha$ 称为功率因数；视在功率 $S' = \sqrt{P^2 + Q^2}$，单位是伏安（VA），电力系统中的设备容量通常是指该设备的视在功率。

图 1-7　有功功率与无功功率相量关系

第三节　无功功率的作用

电能的特点是无法大规模储存，电力生产与消费必须同时进行，电源所提供的功率在任何时刻都应与用电负荷相等。功率的平衡对于有功和无功来说都必须同时具备，才能确保电力系统的安全稳定运行。电力系统的有功电源只有发电机，对有功功率的调节依靠调节原动机（蒸汽轮机、水轮机、反应堆）的出力实现，而无功电源则相对广泛，除发电机以外，大量的容性元件和无功补偿装置都可向系统注入感性无功，因此除了调节发电机无功出力之外，还可通过配置无功补偿等方式进行电力系统的无功控制。

一、电力系统的电压调整与无功平衡

电压是电能质量的重要指标之一，主要包含电压偏差、电压骤降、电压波动、电压闪变等内容，反映的是电力系统中的负荷变化或遭受扰动后各电压等级母线维持电压稳定的能力，依赖于负荷需求与系统之间保持或恢复平衡的能力，而无功功率的平衡对于维持电压稳定有着更为重要的作用，理论上可以通过如下手段改善系统的电压质量。

1. 增大系统短路容量

系统的短路容量表示电网的强弱，短路容量大表明网络强，此时负荷的变化不会引起电压幅值大的变化。电压变化与短路容量的关系可近似表示为

$$\frac{\Delta U}{U} \propto \frac{Q}{S_{\text{SC}}} \tag{1-14}$$

式中，S_{SC} 表示短路容量。可以看出，如果短路容量大，系统电压受无功变化的影响就小。

2. 优化线路参数

R 和 X 是输电线路的两个重要参数，R 反映的是电流流经线路时的有功损失，X 是载流线路周围的磁场效应。X/R 比值低的线路，系统电压受有功功率变化的影响较大，而 X/R 比值较高的线路，无功功率对电压的影响较大，通过优化线路的参数一定程度上可以改善系统的电压质量。

3. 加装无功补偿装置

电压稳定和无功功率具有强相关性，可以通过加装无功补偿装置来改善系统的无功分布，以确保电压稳定。

出于成本和经济性的考虑，仅依靠扩大电网规模或优化线路参数来实现电压优化是不合理的，而为了减少电压损耗而限制有功功率的输送也不经济，因此，电力系统的电压调整通常从调整无功功率入手。

电力系统的电压运行水平取决于发电机的无功功率和全系统的无功负荷的平衡，造成电力系统运行电压下降的主要原因是系统提供的无功功率不足，为提高电力系统运行质量，改善电压水平，必须保持系统的无功功率平衡，使无功电源的功率能够满足无功负荷和无功损耗的需要。

二、电力系统中的无功负荷

电力系统中的无功负荷种类繁多，主要包含以下几类。

1. 异步电动机

异步电机对无功的需求主要体现在，通过吸收一定量的无功功率，在内部建立磁场，并通过内部磁场实现电功率到机械功率的转化。异步电机的自然功率因数约为 0.8，负荷占整个系统负荷的 60%～70%，总量十分庞大。

2. 电力变压器

电力变压器对无功功率的需求与异步电动机类似，通过吸收无功功率建立磁场，从而实现功率从一次绕组到二次绕组的传递，变压器的励磁功率与负荷无关，取决于变压器的工作电压和自身参数。但在正常工作时，变压器的绕组

漏抗上会产生一定的无功损耗，损耗功率取决于绕组电流的大小。

3. 交流架空输电线路

对于 110kV 及以上的交流架空输电线路，当传输功率较大时，电抗中消耗的无功功率将大于电纳中产生的无功功率，线路成为无功负载；当传输功率较小（小于自然功率）时，电纳中生产的无功功率，除了抵偿电抗中的损耗以外还有多余无功，这时线路就成为无功电源。

4. 直流输电系统

在直流输电系统中，通过使用电力电子元件，通过整流—逆变环节触发脉冲相角的调节实现对电压、电流和有功功率的控制，但换流装置无论处于何种工况，其交流侧的电流相位总会滞后于电压相位，在此过程中要消耗大量的无功功率。

三、电力系统中的无功电源

电力系统中的无功电源，除发电机外还有以下几种。

1. 并联电容器

并联电力电容器是并联在电网上向电力系统提供无功功率的设备，它是最简单的无功功率补偿设备，通过发出感性无功来提高功率因数，是《电力系统电压和无功电力技术导则》（GB/T 40427—2021）中规定优先选用的设备，并联电容器补偿的等值电路如图 1-8 所示。

电力电容器具有投资少、损耗低、发热量小、体积小、重量轻、控制简单、运行维护方便等优点。

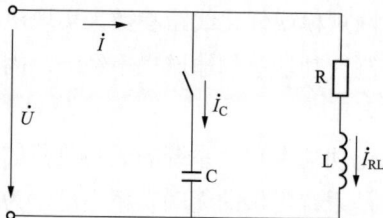

图 1-8　并联电容器补偿的等值电路图

2. 同步调相机

同步调相机即空载的同步电机，通过调节励磁电流的大小来改变向系统注入的无功，由于同步调相机的成本较高，损耗和噪声都比较大，响应速度慢，维护复杂，无法满足快速调节无功功率的要求，因此在电力系统中已经较少使用。

3. 静止无功补偿器

静止无功补偿器（static var compensator，SVC）装置将电力电子技术和现代控制技术相结合，没有旋转元件，通过控制晶闸管的导通角来快速调整输出容量或投切电容器组，从而可以根据电网无功功率的实时需求连续调节无功功率的输出，实现系统无功功率的动态补偿。它具有快速响应性、可频繁动作性、分相补偿的能力，对改善负荷功率因数、稳定和平衡系统电压、减小传输线的损耗、提高输电线路的输电能力等有显著效果。

4. 静止无功发生器

静止无功发生器（static var generator，SVG）是一种用全控型电力电子器件（GTO 或 IGBT）实现变流的静止无功补偿装置，也称为高级静止无功补偿器（advanced static var compensatory）或静止同步补偿器（static compensator，STATCOM）。SVG 通常作为并联型电流源器件发挥补偿功能，其电路原理如图1-9 所示。

SVG 的基本原理是将自换相桥式电路通过电抗器接到电网上，适当的调节桥式电路交流侧输出电压的幅值和相位来使该电路吸收或者发出满足要

图 1-9　SVG 电路原理

求的无功电流，从而实现动态无功补偿的目的。但从性能上讲，SVG 响应速度快、损耗小、谐波量小、性能优于 SVC。作为电流源型装置，其补偿原理决定了在事故状态及过渡恢复期可以比相同容量的导纳型器件（电容器、SVC 等）提供更多的无功出力，但是 SVG 控制系统复杂，价格昂贵，运行经验少，使用有限。

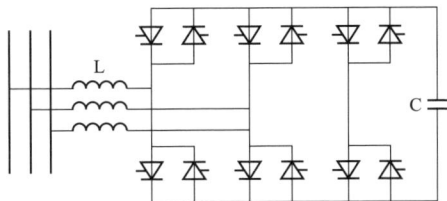

四、无功补偿配置原则

无功补偿装置的补偿容量、设备类型和补偿点应按照以下原则进行选择和配置：

（1）应确保电力系统各级电网的运行电压满足电压质量、电压稳定和同步稳定的要求。

（2）无功补偿装置应合理、有效配合发电机的无功调节，总容量应满足各种电网运行方式下无功电源和无功负荷动态平衡。

（3）无功补偿容量的设置应采用就地平衡的方式，以减少无功功率在电网中的传输，降低电压损耗和功率损耗。

（4）系统应有满足事故方式的无功备用容量，确保遭受较大扰动后仍可保持合格的电压水平，不发生电压崩溃事故。

（5）负荷低谷时，应避免因线路充电功率过高导致的无功倒送情况，必要时投入并联电抗器以吸收多余的无功功率。

在实际工作中进行无功补偿配置时，应充分结合电网运行方式和线损、电压质量、稳定性等指标，除配置足够的补偿容量和备用容量外，还要考虑不同

电压等级、不同无功负荷特点对无功电源的要求。例如在风力、太阳能等新能源发电场站等对电压稳定性要求较高的场合，应配置动态无功补偿装置（如SVC 或 STATCOM），而在对电压稳定临界值要求不高的 220kV 及以下等级变电站或 10kV 配电网等场合，可选用并联电容器组，充分发挥其维护简便、成本较低、使用场合灵活的优势。

第二章　并联电容器装置及其配套设备

电力系统用并联电容器装置一般由电容器和相应的电气一次及二次配套设备组成，并联于交流三相电力系统中，可按电力系统无功需求独立完成投切。并联电容器装置的设计应贯彻国家技术经济政策，做到安全可靠、技术先进、经济合理和运行检修方便。本章主要介绍并联电容器装置所涉及的一次设备的基本原理、设备结构、参数选择等内容。

第一节　并联电容器装置概述

一、并联电容器装置分类

为满足分区分层就地平衡的无功补偿原则，作为容性无功功率电源，并联电容器根据电压等级、功能要求、调压方式、补偿形式、安装地点等因素的不同，其装置种类繁多。但是，装置的主体设备是电容器组，其他设备则是为保证电容器组安全可靠运行、保障无功功率输出及运行维护方便的配套设备。

1. 按使用电压等级划分

根据使用电压等级的不同，并联电容器装置分为高压电容器装置及低压电容器装置。不同电压等级无功设备的配置，重点是确保各电压等级层面的无功电力平衡，减少无功在各电压等级之间的穿越。目前系统中应用较为广泛的额定电压一般为 6、10、35、66kV，110kV 及以上的应用较少，且一般在直流换流站使用。低压电容器装置主要用于分散就地补偿的 220V 和 380V 电压等级。

2. 按补偿方式划分

无功补偿强调分层平衡的同时，也要求分区平衡，从而确保各供电区域无功电力就地平衡，减少区域间无功电力交换。为满足分区平衡的要求，无功补偿有集中补偿装置与分散补偿装置之分。集中补偿装置是一种集中安装于电网中固定位置的补偿方式，一般在变电站内，安装于变压器的主要负荷侧或者三绕组变压器的低压侧，这种方式应用最为普遍。分散补偿在电压调整灵活性、

11

降低线损等方面具有明显优势，近年来得到广泛关注。其配置思路就是在被补偿负荷附近就地补偿，目前主要有电动机就地无功补偿装置、配电网柱上式高压无功补偿装置等应用方式。值得一提的是，近年来随着无功需求的增大，电网补偿与用户补偿相结合的原则也受到关注，强调电网无功补偿以补偿公网和系统无功需求为主，用户无功补偿以补偿负荷侧无功需求为主，在任何情况下用户无功补偿不应向电网倒送无功功率，并保证在电网负荷高峰时不从电网吸收大量无功功率。

3. 按装置结构划分

根据并联电容器装置结构一般分为构架式电容器装置、集合式电容器装置和柜式电容器装置。构架式电容器装置运行维护方便，在电力系统应用较为广泛，有些省电力公司在设备选型时推荐选用此类。

二、并联电容器装置的组成

并联电容器装置由主体设备电容器及配套一、二次设备和附件等组成。高压并联电容器装置的设备框图如图 2-1 所示。

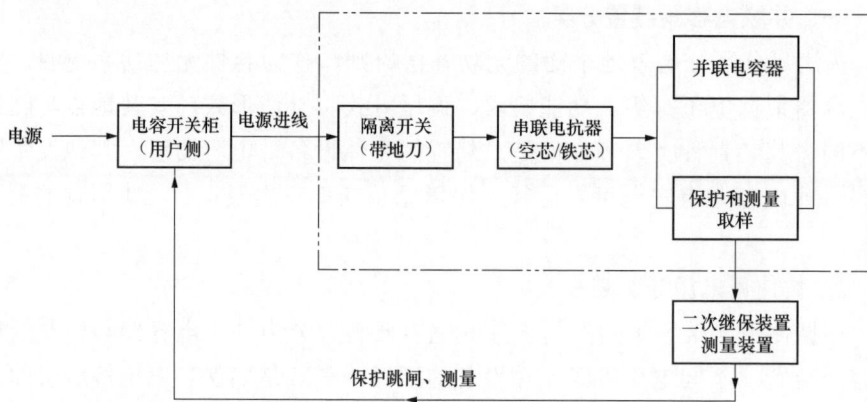

图 2-1　高压并联电容器装置的设备框图

（1）电容器组。电气上连接在一起的多台电容器，是并联电容器装置的主体设备。构架式电容器装置中由多只单台电容器经串并联组合而成，具体数量取决于补偿总容量、单台容量及耐爆容量等。

（2）开关设备。开关设备承担并联电容器装置正常投切操作及故障时开断功能。

（3）隔离（接地）开关。安装于电容器组的电源侧和中性点的隔离（接地）开关，在设备检修时用以设置电气连接上的明显断开点，方便检修。

（4）避雷器。用于限制途经并联电容器装置的雷电过电压和操作过电压，一般采用无间隙金属氧化物避雷器。

（5）串联电抗器。主要作用是限制合闸涌流、抑制谐波。合闸涌流即电容器组投入电网时的过渡过电流。电抗率是并联电容器装置的串联电抗器的额定感抗与串联连接的电容器的额定容抗之比，以百分数表示。电抗率是串联电抗器的重要参数，直接关系到电抗器的作用。当电抗率不大于 1.0% 时仅用于限制合闸涌流，电抗率为 4.5%～6.0% 或 12%～13% 时，除限制合闸涌流外，还可以抑制系统谐波放大。

（6）放电器件。安装在电容器内部或外部，当电容器从电源脱开后能将电容器的剩余电压在规定时间内降低到规定值以下的设备或元件，以避免再次投入运行时，受到过电压及过电流的影响。一般分为外部放电线圈和内部放电电阻。

（7）测量和保护装置。主要指电流互感器和电压互感器及保护装置。并联电容器装置用电流互感器主要用于电流的测量和保护，每相一台。电压互感器与母线电压互感器共用，一般不单独另设。保护装置主要与继电保护二次装置构成电容器内部故障不平衡保护系统。

（8）熔断器。装于单台电容器外部并与其串联连接，当电容器发生故障时用以切除故障电容器。

（9）附属设备。主要包含构架、连接导线、支柱绝缘子、围栏等。

三、并联电容器装置入网要求

电力系统中每个变电站都应配置一定补偿容量的容性无功，并联电容器装置作为容性无功电源，按照《并联电容器装置设计规范》（GB 50227—2017）要求，其设计应按全面规划、合理布局、分层分区补偿、就地平衡的原则确定最优补偿容量和分布方式。其安装容量应根据本地区电网无功规划和国家现行标准中有关规定经计算后确定，也可根据有关规定按变压器容量进行估算，宜安装在变压器的主要负荷侧或者三绕组变压器的低压侧。

变电站中装设的并联电容器装置总容量确定后，通常将电容器分成若干组再进行安装，分组原则依据电压波动、负荷变化、电网背景谐波含量及设备技术条件等因素确定，也要防止谐波的严重放大。加大分组容量、减少组数是躲开谐振点的措施之一。同时，要考虑运行时容量调节的灵活性，以达到较高的投运率。分组容量的确定应符合以下规定：

（1）在电容器组分组投切时，应满足无功功率和电压调控要求。

（2）当分组电容器按各种容量组合运行时，应避开谐振容量，不得发生谐波的严重放大和谐振，电容器支路的接入所引起的各侧母线的任何一次谐波量均不应超过《电能质量 公用电网谐波》（GB/T 14549—1993）的有关规定，详见表 2-1。

表 2-1　　　　　　　　公用电网谐波电压限值（相电压）

电网标称电压 （kV）	电网总谐波畸变率 （%）	各次谐波电压含有率（%）	
		奇次	偶次
0.38	5.0	4.0	2.0
6	4.0	3.2	1.6
10	4.0	3.2	1.6
35	3.0	2.4	1.2
66	3.0	2.4	1.2
110	2.0	1.6	0.8

（3）发生谐振的电容器容量，其计算公式为

$$Q_{cx} = S_d \left(\frac{1}{n^2} - K \right) \tag{2-1}$$

式中　Q_{cx} ——发生 n 次谐波谐振的电容器容量，MVA；

S_d ——并联电容器装置安装处的母线短路通流，MVA；

n ——谐波次数，即谐波频率与电网基波频率之比；

K ——电抗率。

四、并联电容器装置接线方式

并联电容器装置因接入电网位置、容量大小、保护方式等不同主接线方式也存在差异，根据接入变电站母线方式不同，《并联电容器装置设计规范》（GB 50227—2017）给出了三种接线方式，如图 2-2 所示。

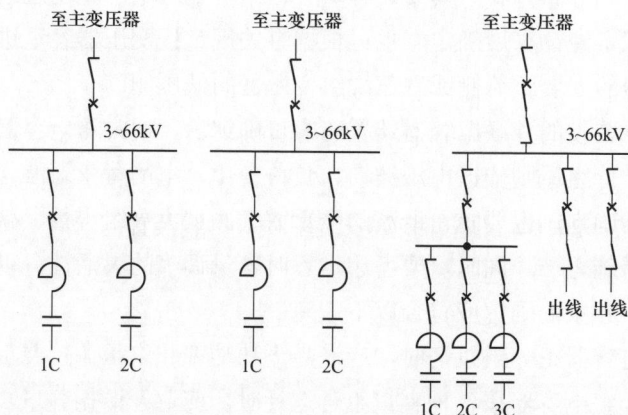

图 2-2　并联电容器装置接线方式

（1）同级电压母线上无供电线路的接线方式。500kV 及以上变电站采用自耦变压器，部分 220kV 变电站采用三绕组变压器，低压侧只接站用变压器和电容器组的采用这种接线方式较多。

（2）同级电压母线上有供电线路的接线方式。这种方式在同一母线上既有供电线路，又接有电容器组，在低压侧直接承担用户供电任务的部分 220kV 变电站及 110kV 变电站中比较常见。

（3）设置电容器专用母线的接线方式。此方式分组回路开关设备可选用价格便宜、可频繁投切的接触器，专用母线的总回路断路器选用能开断母线短路电流的开关设备，这样能节省投资。考虑到总开关的参数限制，该接线方式一般用于电容器组容量不大的场合。

此外，并联电容器组接线方式还需要注意以下三点：

（1）并联电容器组应采用星形接线。在中性点非直接接地电网中，星形电容器组的中性点不应接地。采用星形接线发生极间故障时，注入故障点只有来自同相的健全电容器的涌放电流，故障能量小，从技术层面上可减少油箱爆炸事故。

（2）当并联电容器组的每相或每个桥臂，由多台电容器串并联组合连接时，为将故障电容器迅速切除、避免事故扩大化，宜采用先并联后串联的连接方式。

（3）并联电容器装置各相每一并联段并联总容量不应超过 3900kvar，单台电容器耐爆容量不低于 15kJ。

五、并联电容器装置主要性能要求

1. 一般要求

并联电容器装置由主体设备电容器及配套一、二次设备和附件等组成，装置内各类设备、附件等的质量、性能以及装置连接导体、外观、材质、颜色、布线等方面应符合《并联电容器装置设计规范》（GB 50227—2017）、《人机界面标志标识的基本和安全规则　导体的颜色或数字标识》（GB 7947—2006）等要求。安装工艺、质量等应满足《电气装置安装工程　高压电器施工及验收规范》（GB 50147—2010）、《电气装置安装工程　母线装置施工及验收规范》（GB 50149—2010）等要求。

并联电容器装置，特别是构架式应有一定的耐受地震的能力。户外安装时，外绝缘爬电比距按污秽水平选取，污秽水平在Ⅲ级以下的应不小于 2.5cm/kV、Ⅲ级及以上应不小于 3.1cm/kV、对于污秽特别严重的地区还应适当加大爬电比距，设备还应具有一定防紫外线、耐候性能的要求。

2. 电容器（组）容许偏差

并联电容器装置的无功输出与电容器组的电容量成正比、不平衡保护与电容器组三相之间、各串联段之间及各桥路桥臂之间电容量偏差息息相关，完全符合设计要求是最理想的情况。但是，由于厂家制造工艺等方面原因的限制，设计额定电容量与实测电容量之间难免存在一定的偏差。

为保证并联电容器装置运行的安全性和保护可靠性，工程上要求电容器（组）三相之间、各串联段之间及各桥路桥臂之间电容量偏差一般不超过 1.02，并应满足继电保护整定的要求。这样不仅能降低初始不平衡电压（电流），对设备保护还具有十分重要的意义。例如有串联段的差压保护，若各串联段之间电容量偏差大时，各串联段电压分布不均匀，电容量偏小的串联段会承受更高的试验电压和运行电压，严重影响电容器运行安全性及其使用寿命，并且会形成较大初始不平衡电压，影响继电保护的可靠性。

从经济角度考虑，《高压并联电容器装置使用技术条件》（DL/T 604—2009）、《集合式高压并联电容器订货技术条件》（DL/T 628—1997）均要求整组电容量呈正偏差，容许电容量偏差为装置额定电容量的 0～+5%，大多数情况下，容许偏差可由购买方与供应商在技术合同中约定。但是，容许偏差也不一定是越小越好，越小带来的生产制造成本上升，经济性下降。因此，在满足无功补偿、安全运行要求的前提下，不必苛求过小的偏差。

3. 耐受水平

并联电容器装置的运行年限约为 20 年，为保证其安全长期运行，设备绝缘水平、耐受短路、过负荷能力都需满足《绝缘配合　第 2 部分：高压输变电设备的绝缘配合使用导则》（GB 311.2—2002）、《电力变压器　第 5 部分：承受短路的能力》（GB 1094.5—2008）、《3～110kV 高压配电装置设计规范》（GB 50060—2008）等的相关要求。

4. 保护性能

并联电容器装置的保护方式主要分内部故障保护与系统异常保护两种。

（1）内部故障的保护。主要是单台电容器的熔断器保护、内熔丝保护和继电保护三种保护方式，依据不同装置及实践经验进行配置，以满足并联电容器装置的运行安全。其中熔断器、内熔丝属于主保护，动作时限较熔断器、内熔丝长的零序电压保护、中性线差流保护、差压保护、桥差保护属于内部故障的后备保护。

电容器内部元件保护主要靠内熔丝的可靠动作来隔离故障元件，当故障发展到一定程度并超过内熔丝保护限值时，由不平衡继电保护动作于开关设备，切除电容器装置。不带内熔丝或单台配熔断器的，其与不平衡继电保护配合方式类似。电容器极间短路是内部故障的最后防线，必须迅速开断故障电流，避免发生爆炸起火等恶性事故，主要靠不平衡继电保护的正确配置和可靠动作。

（2）系统异常的保护。系统异常的保护有过电流保护、过电流速段保护、母线过电压保护及母线欠电压保护等，可避免发生并联电容器装置过负荷或因与系统参数不恰当匹配产生铁磁谐振等情况。

5. 安全要求

并联电容器装置属电容型设备，具有储存电荷的能力。一旦从电网脱开，应迅速放电至合适情况下，避免再次合闸产生过电压或放大合闸涌流。一般由内部放电电阻与放电线圈配合使用，详见放电器件章节。此外，并联电容器装置中电容器外壳、框架等电位的固定以及设备检修时的安全措施都应满足相应要求，这方面行业要求已相当规范，此处不再赘述。

第二节　并联电容器（组）

随着电力系统的发展，无功需要增大，无功补偿技术及设备也得到长足进步。在 20 世纪 80 年代之前，电容器采用油浸纸结构，单台容量 10～12kvar、质特比约 2kg/kvar、介质损耗为 3W/kvar，质量次、价格高，年故障率达到 27%左右，爆炸着火情况严重。随着技术革新，电容器结构很快从油浸纸绝缘技术向膜纸复合绝缘技术转变，而后又形成全膜电容器技术。目前，电容器单台容量约为 334～500kvar、质特比约 0.2kg/kvar、介质损耗下降至 0.3W/kvar 以下，年损坏率降低至 1%以下。电容器组由 10kV、单组 8000kvar 左右发展至 35～66kV、40～60Mvar，目前最大的单组容量已达 120Mvar。这些无功设备为电力系统提供充足稳定的无功功率，保证了电网设备的安全稳定运行，同时为改善电能质量、降低电能损耗、提升输配电能力等起到了重要作用。

一、技术参数

高压并联电容器通常采用铝箔电极、油浸全膜介质结构，有多种分类方法，按结构形式可分为电容器单元与集合式电容器。其中，电容器单元是由电容器元件组装于单个外壳中并有引出端子的组装体；集合式电容器则是将电容器集装于一个箱体中的组装体。以下着重对这两类电容器进行介绍。

1. 结构特点

（1）油浸箔式高压并联电容器单元。

高压并联电容器单元的外形及机构组成如图 2-3 所示，主要由电容元件、绝缘件、连接件及出线套管和箱壳等构成，根据产品设计有时还有内放电电阻与内熔丝。

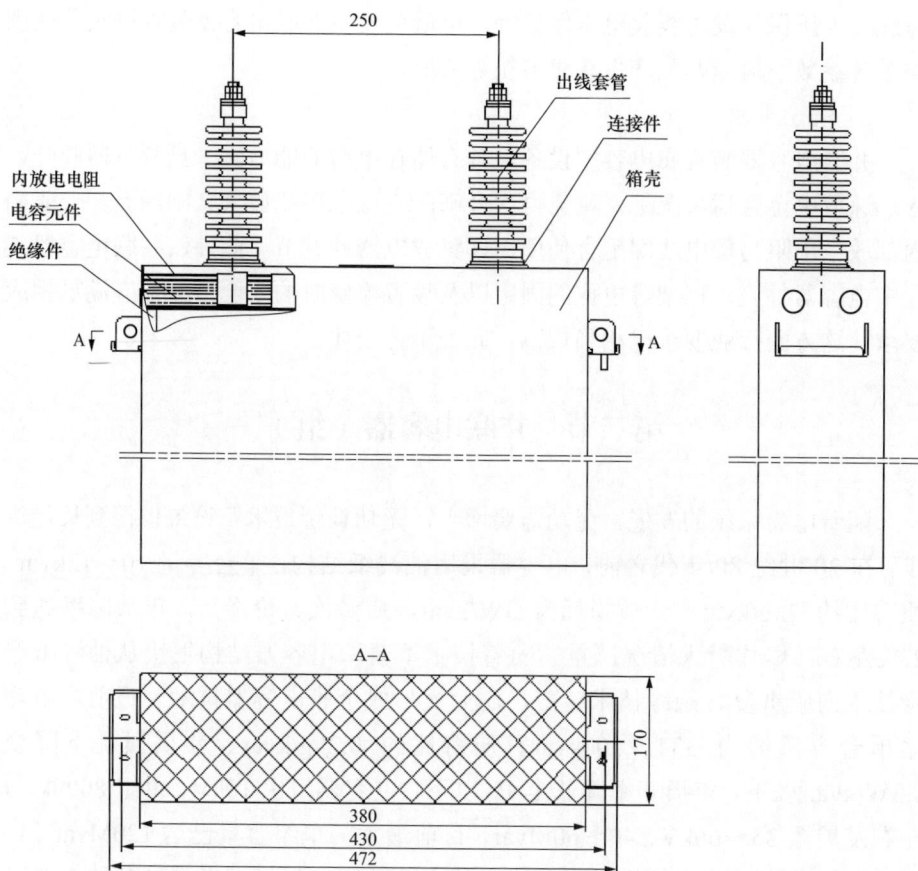

图 2-3　高压并联电容器单元的外形及机构组成

并联电容器元件、绝缘部件及元件、芯子等的组装、连接均在高度洁净的环境中进行，其典型制造工艺见表 2-2，主要包括外壳制造、元件及芯子制造、电容器组装、电容器真空干燥浸渍处理、出厂试验等工序。现场安装流程见表 2-3。

电容元件是电容器的基本单元，元件电压一般为 1500～2500V、电容量在几个微法到十几个微法范围内，由充当极板的两张铝箔及处于中间夹层的聚丙烯薄膜卷绕后压扁而成。极板的引出结构有隐箔插引线片与铝箔凸出/折边两种结构，如图 2-4 所示。

表 2-2　　　　　　　　　　　　电力电容器典型制造工艺

工艺流程简图	相关文件/记录	生产设备	监测装置	监控参数
△ 元件卷制	卷制作业指导书/卷制工艺参数表、流程卡	卷制机	天平、计数器、钢卷尺	圈数、重量、尺寸
芯子压装	压装工艺守则、产品图样/流程卡	压机		
元件耐压	过程检验规范/工艺参数表、流程卡（冷冲压工艺守则/首、末检单）、元件损坏统计表	（剪板机、冲订、折弯机）	耐压测试装置	电压、时间
外壳加工　芯子引线	引线工艺守则/工艺参数表、流程卡（外壳焊接作业指导书）	电烙铁　　CO_2 直线焊机	（钢卷尺、钢直尺）	（尺寸）
☆ 外壳焊接				
电容测量	过程检验规范、工艺参数表/流程卡		QS18A 电桥	电容量
总装	总装工艺守则、装配工艺单/流程卡	包绕台、电焊机、烙铁		
油处理　整体试漏	工艺守则/流程卡	水中试漏装置、油处理设备	压力表、时钟	气压、时间
△☆ 真空浸渍	真空浸渍作业指导书，工艺记录表、流程卡、油处理工艺记录卡、控温系统检查记录、绝缘油测试记录	真空浸渍设备	控温表、麦氏表、时钟	温度、时间、真空度
热烘试漏	热烘试漏工艺守则/工艺记录、流程卡	热烘试漏设备	控温表、时钟	温度、时间
出厂试验	出厂检验规范/出厂试验记录	出厂试验线	电压表、电容表、高压电桥	电容量、耐压介质损耗
喷漆	喷漆工艺守则	静电喷漆线		
外观检查	出厂检验规范/铭牌、（合格证）			
入库包装	包装工艺守则			

注　表中有"☆"的为特殊工艺，有"△"的为关键工艺。

表 2-3 电力电容器现场安装流程

流程简图	相关文件/记录	生产设备	监测装置	监控参数
柜架检验	柜架加工规范/柜架加工记录		卷尺、钢直尺	
安装支柱绝缘	高压并联电容器装置装配作业指导书/生产流程卡	扳手、螺丝刀		
△安装一次回路电气元件	高压并联电容器装置装配作业指导书/生产流程卡	手枪钻、扳手、螺丝刀		
制作母排	高压并联电容器装置装配作业指导书/生产流程卡	弯排装置、钻床		
△试装母排	高压并联电容器装置装配作业指导书/生产流程卡	手枪钻、扳手、螺丝刀		
△安装二次回路电气元件	高压并联电容器装置装配作业指导书/生产流程卡	手枪钻、扳手、螺丝刀		
△二次回路布线	高压并联电容器装置装配作业指导书/生产流程卡	手枪钻、扳手、螺丝刀	万用表	
附件准备	高压并联电容器装置装配作业指导书			
出厂试验	高压并联电容器装置检验规程/出厂试验报告		高压试验装置、通电试验装置	按产品标准和规程

注 表中有"△"为关键流程。

隐箔插引线片结构极板具有利用率高、制造工艺简单等特点,但工艺处理不当在铝箔边缘及引线片上易有毛刺等使电场集中的缺陷,在过电压的作用下,容易发生电晕放电,此外引线片也容易产生机械应力损伤固体介质。因此,这种结构主要在适用于低场强产品。铝箔凸出/折边则在隐箔插引线片结构基础上进行设计改进,铝箔两边分别异向凸出于固体介质边缘之外,另外一边则向内折边,处于固体介质边缘之内,不再使用插引线片,改由凸出的铝箔引出和导入电荷。铝箔凸出/折边结构不仅能改善边缘电场、消除引线片可能产生的机械损伤,还能提高电容元件的局部放电起始、熄灭放电电压。此外,没有引线片使得导电路径缩短及消除引线片与铝箔间接触电阻,这种结构的电容单元损耗也比隐箔插引线片结构的小。激光分切铝箔技术能使铝箔边缘呈圆柱状，有利于改善局部电场分布，从而提高电容元件的电气性能。

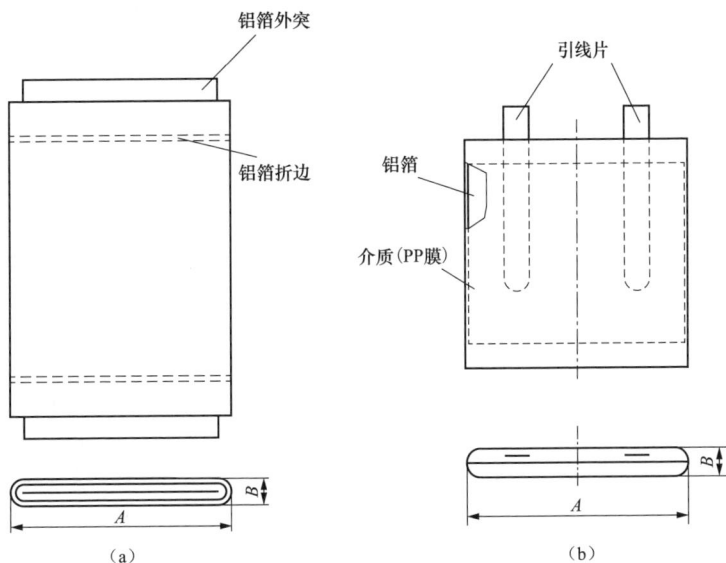

图 2-4 电容器极板结构

（a）铝箔外突式；（b）引线片式

有部分厂家在电容器单元内部与电容单元串联了一个熔丝，当电容元件因某种原因击穿时，在故障电容元件并联的元件、元件组及电容器等向故障点放电，使得故障电容器元件的熔丝熔断，从而隔离故障电容元件，避免事故扩大。但应当对熔丝进行适当防护隔离，防止因熔丝动作时相互影响而引起熔丝群爆。

（2）集合式高压并联电容器。

集合式高压并联电容器是将多个电容器单元集装于一个箱体内，电容器单元按设计要求进行串、并联，器身内部元件做好绝缘及散热等设计要求，并在箱体内充注液体或气体介质，然后经出线套管引出的组装体。集合式高压并联电容器三视图如图 2-5 所示（10、35kV 级的）。

集合式并联电容器装置安装充注介质的形状不同，分为充油式和充气式。充油式一般充注变压器油，并应在箱体上装设储油柜或金属膨胀器作为温度补偿装置。充气式一般充注 SF_6 气体，后期运行维护应考虑漏气问题。相对于框架式结构，集合式结构的电容器单元均在箱内内部，存在的充注介质使得内部电气间距大大缩短，因此单台集合式电容器容量可以做得更大、体积能大大缩小，而且组装好的集合式电容器内部已组装好，现场安装仅需把外部的几个线

21

路端子连接，现场安装方便。但需要注意的，集合式单台容量大相当于电容器极板有效面积大，可能存在的薄弱点就多，发生击穿的概率比较高。需要明确的是，集合式电容器一旦发生故障，整台就会停运，而且现场维修极其不便，往往需要返厂检修，显然不利于保证供电可靠性。此外，设计时还需要考虑充油式的渗漏油及防火措施，充气式的漏气与散热问题。

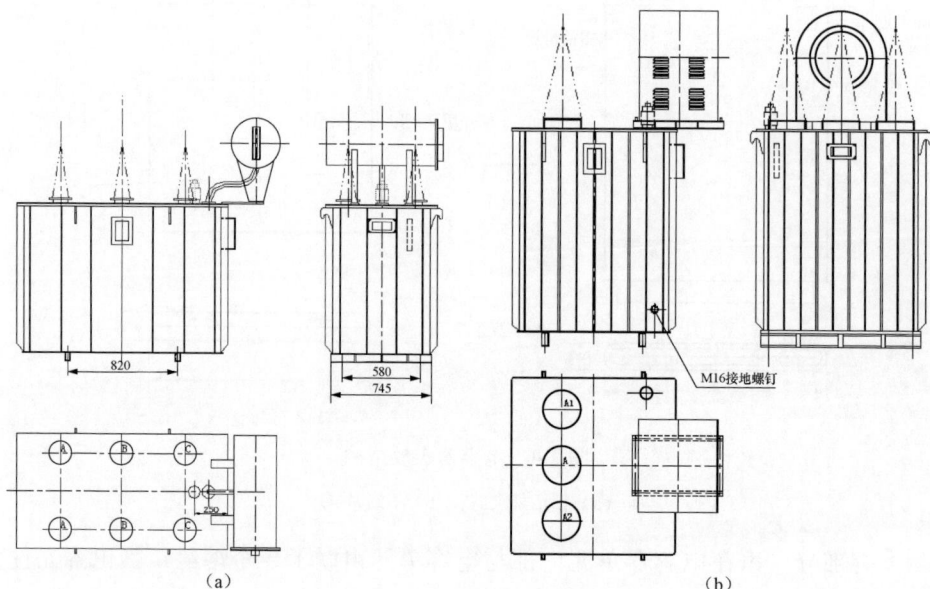

（a）

（b）

图 2-5　集合式高压并联电容器三视图

（a）10kV 集合式；（b）35kV 集合式

2. 额定参数

某公司生产的并联电容器铭牌如图 2-6 所示。

图 2-6　并联电容器铭牌示例

并联电容器型号标注由系列代号（B 表示并联电容器）、浸渍剂代号、极间固体介质代号、结构代号、第一～三特征号及尾注号组成，如图 2-7 和表 2-4 所示。

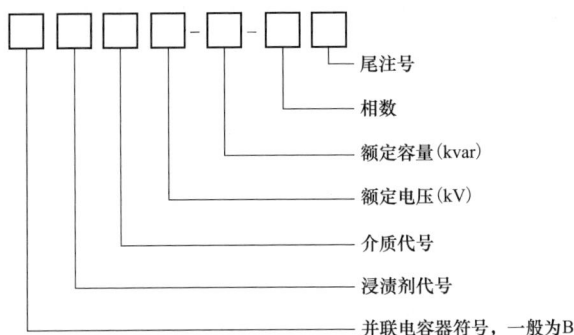

图 2-7　并联电容器型号标注

表 2-4　　　　　　　　　　　　并联电容器型号标注含义

类型	代号及含义				
浸渍剂代号	A	B	F	G	L
	苄基甲苯、SAS 系列	异丙基联苯	二芳基乙烷	硅油	SF_6
	S	W	Z	D	
	石蜡	烷基苯	菜籽油	N_2	
极间固体介质代号	F	M	MJ		
	膜纸复合	全膜	金属化膜		
结构代号	H	HL	HD	X	
	集合式	充 SF_6 集合式	充 N_2 集合式	箱式	
尾注号（使用地区类别）	G	H	TH	W	
	高原地区	污秽地区	湿热带地区	户外	

第一～三特征号分别表示额定电压、额定容量、相数等含义，分别如下。

（1）额定电压 U_{CN}。电容器单元设计时所规定的电压。对于交流设备表示为方均根值。并联电容器单元的额定电压优先值分别为 $6.3/\sqrt{3}$、6.3、$6.6/\sqrt{3}$、6.6、$7.2/\sqrt{3}$、7.2、10.5、$11/2$、$11/\sqrt{3}$、$12/2$、$12/\sqrt{3}$、12、20、21、22、24、$39/\sqrt{3}$、$42/\sqrt{3}$ kV。集合式高压并联电容器优先值分别为 $6.6/\sqrt{3}$、6.6、$11/\sqrt{3}$、11、$12/\sqrt{3}$、12、$39/\sqrt{3}$、$42/\sqrt{3}$、$73/\sqrt{3}$、$79/\sqrt{3}$ kV。

（2）额定频率 f_N。设计电容器时所规定的电压，在我国为 50Hz。当电容器在非额定频率下工作时，其输出容量将成比例缩小。

（3）额定容量 Q_{CN}。电容器单元设计时所规定的无功功率。并联电容器单元的优先值分别为 50、100、200、334、417、500、667kvar。单相及三相（6、10kV 电压等级）集合式电容器的优先值分别为 1000、1667、2000、2667、3334、5000、6667、10000kvar 及 1000、1200、1800、2400、3000、3600、5000、6000、8000、10000kvar。

（4）相数。单相以"1"表示，三相以"3"表示。

（5）额定电容 C_{CN}。设计电容器时由额定容量 Q_{CN}、额定电压 U_{CN} 及额定频率 f_N 计算而来。额定电容 C_{CN} 计算公式为

$$C_{CN} = \frac{Q_{CN}}{2\pi f_N U_{CN}^2} \times 1000 \qquad (2\text{-}2)$$

（6）额定电流 I_{CN}。电容器单元设计时由额定容量 Q_{CN}、额定电压 U_{CN} 计算而来，单位为安（A）。额定电流 I_{CN} 计算公式为

$$I = \frac{Q_{CN}}{U_{CN}} \qquad (2\text{-}3)$$

（7）温度类别。由环境空气温度所决定，指预安装电容器处的空气温度，范围覆盖−50～+55℃，可分为多个环境温度类别，每种仅适用一个类别。第一个数字标识温度下限，分为 5 个优先值，即+5、−5、−25、−40、−50℃。每个类别数字后有一个字母，表示上限温度，分 A、B、C、D 四类，其含义见表 2-5。

表 2-5　　　　　　　　　　温度范围的上限字母代号含义

代号	环境空气温度（℃）		
	最高	24h 平均最高	年平均最高
A	40	30	20
B	45	35	25
C	50	40	30
D	55	45	35

二、设备选型

1. **类型选择**

（1）并联电容器装置内的电容器，应根据工程具体条件进行技术经济比较后选择，可选用单台电容器、集合式电容器。框架式结构组合灵活、更换故障电容器方便，工程上应用较多。单组容量较大时，宜选用的单台容量为 500kvar 及以上。

（2）当受场地、高地震烈度、强台风地区及施工工期、运行环境等限制时，可选用运行维护少、安装便捷、价格相对较贵等一体化集合式电容器。但要考虑运行的可靠性及安全性，应选用工作场强低、采取内部保护措施、内部结构与外部继电保护配合良好的产品。

（3）安装在严寒、高海拔、湿热带等地区和污秽、易燃、易爆等环境中的电容器，应满足环境条件的特殊要求。

（4）单台电容器保护方式。单台电容器有内熔丝或（与）外熔断器保护方式。内熔丝保护的优点是，当单个内部电容元件击穿时，内熔丝正确动作并隔离故障元件，不会使故障扩大化，也不必立刻退出运行，电容器的利用率高。但是，对不平衡保护灵敏度要求高，切除故障元件到一定程度后，不平衡保护将动作，且寻找故障元件不方便。外熔断器，对不平衡保护灵敏度要求低、允许缺台运行，寻找故障电容器方便。但是，单个元件损坏后，故障会继续发展，直至熔断器动作，电容器利用率低，性能差的熔断器还易使事故扩大化。一般在单台电容量大于 40A、串联段数超过 2 串时，不宜采用。

2. 参数选择

（1）额定电压 U_{CN}。选用的电容器额定电压不应低于接入处的最高运行电压，且应考虑串联电抗器抬高比例、谐波造成电压升高及各种情况下允许引起电压变压等因素的影响，从推荐值中选取优先值。计及串联电抗器引起电容器运行电压升高，电容器运行电压计算公式为

$$U_{CN} = \frac{U_s}{\sqrt{3}S} \times \frac{1}{1-K} \tag{2-4}$$

式中　U_{CN} ——电容器的端子运行电压，kV；

U_s ——并联电容器装置的母线运行电压，kV；

S ——电容器组每相的串联段数；

K ——串联电抗器的电抗率。

对应于不同电抗率电容器额定电压的配置见表 2-6。

表 2-6　　　　　　　　不同电抗率电容器额定电压的配置　　　　　　　　（kV）

电压等级	串联电抗率		
	1%及以下	5%	12%
10	$10.5/\sqrt{3}$	$11/\sqrt{3}$、$11.5/\sqrt{3}$	$12/\sqrt{3}$
35	22	$38.5/\sqrt{3}$、22	$42/\sqrt{3}$、24
66	40	42	44

（2）额定容量 Q_{CN}。在设备选型时，单只电容器的额定容量应根据并联电容器装置的总容量、主接线形式、内外熔断器配置情况、外壳耐爆能量、串联段数、串联电抗器的电抗率及不平衡保护方式等要求，经计算后确定，并尽量从推荐的优选值中选取，且必须满足并联电容器装置各相每一并联段并联总容量不应超过 3900kvar，单台电容器耐爆容量不低于 15kJ。

（3）绝缘水平。应根据并联电容器装置接入电网处的电压等级、主接线方式、安装方式、环境条件要求等按标准选取。不同电压等级并联电容器装置绝缘水平应符合表 2-7 规定的数值。

表 2-7　　　　　　　不同电压等级并联电容器装置的绝缘水平　　　　　（kV）

系统标称电压	一次电路		二次电路
	工频耐受电压（方均根值）	雷电冲击耐受电压（峰值）	工频耐受电压（方均根值）
10	42	75	3
20	55	125	3
35	95	185	3
66	140	325	3
110	200（275）	450（650）	3

注　以上数值仅适用于海拔 1000m 及以下地区，对于海拔超过 1000m 以上地区，应进行海拔修正；括号内适用于 1000kV 变电站内 110kV 电压等级并联电容器。

三、主要性能指标

1. 使用环境条件的要求

电容器运行的安全、稳定、可靠运行与其使用的环境条件密切相关，安装处的环境空气温度及冷却环境温度应符合电容器使用条件。当电容器长期在上、下限运行温度时，会加速内部介质劣化、老化，严重时引发故障，因此对运行中电容器应加强通风、散热等改善设备运行工况。此外，安装处海拔一般不超过 1000m，能承受八度地震烈度而不发生损伤；在设计选型时根据安装地点污秽等级考虑选用匹配的抗污秽能力的产品，Ⅲ级及以下地区最小公称爬电比距不小于 25mm/kV，Ⅳ级地区最小公称爬电比距不得小于 31mm/kV，特别污秽的地区应提前与制造厂协商。

2. 外绝缘空气间隙

选用电容器的外绝缘空气间隙应参照《3～110kV 高压配电装置设计规范》（GB 50060—2008）的规定。在正常使用条件下，电容器各部分导电部件之间、导电与外壳之间的空气间隙应满足表 2-8 的要求。

表 2-8 外绝缘最小空气间隙

电压等级（kV）		6	10	20	35	66
最小间隙距离 （mm）	户内	100	150	180	300	550
	户外	200	200	300	400	650

3. 密封性能

如前所述，电容器中充注液体或气体介质作为浸渍剂，在正常使用条件下，应保证浸渍剂不向外渗漏，并确保外部的空气或潮气不得进入电容器内部，以免介质加上劣化形成缺陷。《高压并联电容器使用技术条件》（DL/T 840—2003）要求，电容器加温度到 75～85℃，或用真空法保持 8h，应无渗漏油现象。

4. 电容偏差

并联电容器装置的无功输出、不平衡保护特性等均与电容器组三相之间、各串联段之间及各桥路桥臂之间的电容量偏差密切相关。由于厂家制造工艺等方面原因的限制，设计额定电容量与实测电容量之间存在一定的偏差。从经济角度考虑，正偏差有利于设备使用单位，但容许偏差也不一定是越小越好，越小带来的生产制造成本上升，经济性反而下降。因此，《高压并联电容器使用技术条件》（DL/T 840—2003）要求，单台电容器的实测电容器与额定电容值之差不应超过额定值的–3%～+5%；在单台三相电容器中任何两线路端子间测得的最大值与最小值之比，200kvar 及以下不大于 1.05、200kvar以上不大于 1.02；电容器组实测总电容量与各电容器额定值总和之差不超过 0～+5%。

5. 介质损耗因数

电容器属于无功设备，但并不是理想无功设备，总是存在一定的有功损耗。介质损耗因数是反应电容器基本性能和状态的重要指标，同时也反映材料特性、制造工艺、安装质量等的优劣。当电容器内有内熔丝或放电电阻时，也会使电容器损耗增大。介质损耗因数 $\tan\delta$ 计算公式为

$$\tan\delta = \frac{P_C}{Q_C} \tag{2-5}$$

式中 P_C——有功损耗；

Q_C——无功损耗。

《高压并联电容器使用技术条件》（DL/T 840—2003）规定，电容器在工频交流额定电压下，20℃时介质损耗因数应满足：膜纸复合结构的电容器应不大于 0.08%；全膜结构的电容器，有放电电阻和内熔丝的应不大于 0.05%、无放

电电阻和内熔丝的应不大于 0.03%。

6. 局部放电水平

仅在部分区域发生放电，而没有发生贯穿性放电的现象，称为局部放电。局部放电可在电容器极板边缘、绝缘层之间或绝缘层与极板之间，可能是气泡放电，也可能电晕放电，它是反映电容器设计方案、材料质量、制造工艺、装配水平的重要参数。通常用单台局部放电试验、局部放电熄灭电压等表征。《高压并联电容器使用技术条件》（DL/T 840—2003）规定：单台局部放电试验时，加压至 2.15 倍额定电压保持 1s，将电压降到 1.2 倍额定电压并保持 1min，然后再将电压升到 1.5 倍额定电压保持 1min，要求在后 1min 内不应观察到局部放电水平增加。局部放电熄灭电压试验中，在常温下加压至局部放电起始后历时 1s，降压至 1.35 倍额定电压保持 10min，然后升压至 1.6 倍额定电压保持 10min，此时应无明显局部放电。对于严寒地区应根据温度类别下限值，电容器在温度下限时局部放电熄灭电压应不低于 1.2 倍额定电压。极对壳局部放电熄灭电压，应不低于 1.2 倍最高运行线电压。

7. 机械强度

引出端子的套管及导电杆的机械强度，200kvar 以下的电容器套管应能承受 400N 水平拉力，200～1000kvar 的电容器套管应能承受 500N 水平拉力，1000kvar 以上的电容器套管应能承受 900N 水平拉力。电容器的导电杆能承受的扭矩应符合表 2-9 中的数据。

表 2-9 电容器导电杆能承受的扭矩

接线头螺纹	螺母扳手的扭矩（N·m）	
	最大值	最小值
M10	10	5.0
M12	15	7.5
M16	30	15
M20	52	26

8. 耐爆破能量

耐爆破能量是指电容器单元内部发生极间或极对外壳击穿时，外部并联电容器对故障电容器放电引起故障电容器外壳或套管破裂的最小能量。运行中，高频高幅值的短路放电电流或工频故障电流都可能使电容器外壳或套管破裂。规程要求，膜纸结构的电容器耐爆破能量不小于 10kW·s，全膜结构的电容器耐爆破能量不小于 15kW·s。

9. 内熔丝的要求

要求内熔丝能承受 100 倍元件额定电流的涌流冲击，当电容器元件在 $0.9\sqrt{2}$ 倍和 $2\sqrt{2}$ 倍电压范围内发生击穿损坏时应可靠动作，而且不会使邻近完好元件的熔丝损坏超过 1 根；动作后的熔丝断口能耐受 2.15 倍 10s 工频电压作用。

10. 过负荷能力

电容器能承受的工频稳态过电压和相应的运行时间应符合表 2-10 中规定。电容器应能承受第一个峰值电压不超过 $2\sqrt{2}$ 倍额定电压持续 1/2 周波的过渡过电压。电容器应能承受 100 倍电容器额定电流的涌流冲击，每年这样的涌流冲击不超过 1000 次，其中若干次是在电容器内部温度低于 0℃ 与下限温度之间发生的。电容器应能在有效值为 1.3 倍额定电流的稳定过电流下运行，但这种过电流是由于高次谐波和稳态过电压引起的，对于电容量有最大正偏差的电容器，这种过电流允许达到 1.37 倍额定电流。

表 2-10　　　　电容器工频稳态过电压及相应的运行时间要求

工频过电压倍数	持续时间	说明
1.05	连续	
1.10	每 24h 中 8h	
1.15	每 24h 中 30min	系统电压调整与波动
1.20	5min	轻负荷时电压升高
1.30	1min	

注　1. 工频加谐波的过电压应不使过电流超过 1.3～1.37 倍。
　　2. 过电压 1.20、1.30 倍及其对应的运行时间在电容器的寿命期间总共应不超过 200 次，其中若干次过电压可能是在电容器内部温度低于 0℃，但在下限温度以内发生的。

11. 绝缘水平

电容器端子与外壳的绝缘水平应能承受表 2-11 中的试验电压。

表 2-11　　　　电容器端子与外壳的绝缘水平

系统标称电压（kV）	电容器额定电压（kV）	绝缘水平		雷电冲击试验电压峰值（kV）
		1min 工频耐压（kV）		
		干式	湿式	
6	$6.3/\sqrt{3}$、$6.6/\sqrt{3}$、$7.2/\sqrt{3}$	25	25	60
10	$10.5/\sqrt{3}$、$11/\sqrt{3}$、$12/\sqrt{3}$、11、12	42（35）	35	75

续表

系统标称电压 （kV）	电容器额定电压 （kV）	绝缘水平		
		1min 工频耐压（kV）		雷电冲击试验 电压峰值（kV）
		干式	湿式	
20	20、21、22、24	68（50）	50	125
35	38.5/$\sqrt{3}$ 、40.5/$\sqrt{3}$	95	80	185

注 括号内数值为中性点经电阻接地系统。

12. 耐久性能

电容器应进行耐久性试验，应满足《额定电压 1000V 以上交流电力系统用并联电容器　第 2 部分：耐久性试验》（IEC/TS 60871-2）与《标称电压 1kV 以上交流电力系统用并联电容器　第 2 部分：耐久性试验》（GB/T 11024.2—2001）中所要求的过电压周期试验和老化试验。这是为了确定电容器在使用温度范围内耐受反复过电压及过负载能力而进行加速试验，是验证电容器内部元件的介质设计和组合及其制造工艺的特殊试验。其中，过电压试验是为了验证从额定最低温度到室温的范围内，反复的过电压周期不使介质击穿；老化试验是为了验证在提高的温度下，由增加电场场强所造成加速老化不会引起介质过早击穿。

第三节　开　关　设　备

开关设备承担着开断正常负荷电流，设备故障或发生短路时的故障电流。前面介绍过，并联电容器装置属于无功电源设备，一旦投运便满负荷运行，而且负荷电流呈容性。因此，并联电容器装置用开关设备的正常投切及其内部故障时，开关设备关合与开断的均为容性电流。对于并联电容器装置发生三相短路、相间短路或单相短路等情况所引起的短路电流，并联电容器装置用的开关设备与通用的断路器一样，应当满足其安装处的短路容量的开断要求。开关设备在系统中应用广泛，除了通用的技术条件之外，根据应用场合不同，性能要求也不完全相同。开关设备的通用技术条件市面上资料已有很多，本节着重介绍与并联电容器装置相关的内容。

一、技术参数

（一）设备分类

1. 按承担功能分类

并联电容器装置用开关设备根据承担功能不同，有隔离开关、负荷开关、断路器三大类。

隔离开关一般用于隔离电位及停电检修时在电气连接上设置明显的断开点，不具备带负荷开断的能力，更不用说开断电容器组的容性电流，配备这类设备时注意额定电流应满足流过并联电容器装置的最大可能电流，避免因设计参数不匹配导致后期出现发热缺陷。

负荷开关可实现正常电流通断，但开断短路电流能力差。由于此类开关设备机械寿命长、结构简单、价格便宜，也比断路器更适合频繁操作，因此一般仅用作电容器组正常操作的开关。

断路器具有优异的短路电流开断能力，能正常控制电容器开断，也能在保护装置配合下完成故障情况下的开断和关合操作。因此，并联电容器装置中断路器使用更加广泛。

2. 按灭弧介质分类

按灭弧介质，并联电容器装置用开关设备有油开关、真空开关、SF₆开关。

油开关属于早期开关，根据开关中绝缘油承担功能不同分多油与少油两类。多油开关中绝缘油兼有绝缘和灭火作用，少油开关中绝缘油仅用于灭弧。油开关在开断电容器组时易发生重击穿，加之并联电容器装置投切频繁，油开关中绝缘油劣化快，且容易漏油，需要定期清洗与换油，这给检修维护带来的很大工作量。同时考虑到设备充油，有消防隐患和污染环境等缺陷，因此电力系统内已极少用这类开关。

真空开关是以高真空作为触头间的绝缘及灭弧介质的开关设备，有真空断路器、真空负荷开关、真空接触器等。其灭弧室内部的真空度一般为 1.33×10^{-2}～1.33×10^{-5}Pa，此种气体密度时，气体分子自由行程很长，难以由碰撞游离形成放电，因此触头间隙的绝缘强度很高，开距很小即可。12kV 的真空断路器的开距可做到 10mm，40.5kV 的 25mm。由于开距小，加上普遍使用铜铬合金的触头，电弧电压低能量小，具有较好耐弧性能，其机械寿命和电气寿命都很高。此外，真空开关设备整体尺寸小、重量轻、使用安全方便、维护简单等特点，在 35kV 及以下系统的应用广泛，在并联电容器装置容量不是特别大时，真空开关设备应用十分普遍。

SF₆气体分子量大且重、易吸附电子形成负离子，在电场中运动缓慢、不易产生碰撞游离，具有十分优异的绝缘与灭弧性能，SF₆开关即是采用 SF₆气体作为灭弧介质的开关设备。但 SF₆气体的绝缘强度与电场分布有关，击穿强度与电场均匀程度正相关。因此，SF₆开关设备对触头的形状、表面状态等要求较高。目前，在中高压电网中应用广泛，在大容量的并联电容器装置中也采用。

31

同时还应考虑到，SF$_6$ 是一种非自然界气体，温室效应强，在高温电弧下会分解产生剧毒物质，目前不少专家学者在研究替代气体。

（二）额定参数

开关设备额定参数的定义参见《高压交流断路器》（GB 1984—2014）。本部分仅简单介绍几个常见参数。

（1）额定电压与额定电流。并联电容器装置用真空断路器额定电压一般为 12、24、40.5kV，额定电流为 200、400、630、1000、1250、2000A。

（2）绝缘水平。绝缘水平见表 2-12。

表 2-12 　　　　　　　　　　　绝　缘　水　平　　　　　　　　　（kV）

额定电压	1min 工频耐受电压值		额定冲击耐受电压峰值
	干燥状态	淋雨状态	干燥状态
	对地、相间及断口间	对地、相间及断口间	对地、相间及断口间
12	42（28）	34（28）	75（60）
24	65	55	125
40.5	95	85	185

注　当 12kV 系统中性点为有效接地时，绝缘水平采用括号中的数值。淋雨状态下的湿耐压仅对户外产品。

（3）额定短时开断电流。其值等于额定短路开断电流，即在额定条件下断路器能开断的最大短路电流。一般在 3.15、6.3、8、12.5、16、20、25、31.5、40、50、63kA 中选取。

（4）额定峰值耐受电流。其值等于额定短路关合电流，参见 GB 1984—2014。

（5）额定操作顺序。断路器的额定特性与断路器的额定操作顺序有关，为 O-0.3s-CO-180s-CO。

（6）C2 级断路器。一种在规定的型式试验验证容性电流开断过程中具有非常低的重击穿概率。详见 GB 1984—2014。

（7）M2 级断路器。用于特殊使用要求的频繁操作的、要求非常有限的维护且通过特定的型式试验（具有延长的机械寿命的断路器，10000 次机械操作的型式试验）验证的断路器。

二、设备选型

1. 类型选择

根据并联电容器装置的接线以及对开关设备功能要求的不同，开关设备有以下选择方案：

（1）断路器。并联电容器装置通过断路器直接与母线连接，这种方式在变电站中应用极为广泛，此时断路器需要承担电容器组的正常开合操作与短路故障的开断能力。

（2）总分断路器。直接与母线连接用的总断路器承担短路故障开断功能及开断所属全部分组电容器的能力，各组分断路器仅具备正常操作功能即可。

（3）断路器与负荷开关结合。与（2）中所述功能类似，断路器承担短路故障开断功能及开断所属全部分组电容器的能力，负荷开关负责电容器组的正常投切操作。

2. 参数选择

（1）额定电压。与开关设备选型时额定电压的选用原则一样，开关设备的额定电压应与安装处系统最高电压相一致，这是由开关设备额定电压的定义所决定的。有时也会采用"高配"原则，这是因为在电抗率较高的并联电容器装置中，电容器组的额定电压会被串联电抗器抬高过多，开断时断口间的工频恢复电压可能会超过开关设备的额定电压。另外，额定电压高的开关设备绝缘强度高，能得到更好的重击穿性能。但"高配"时应对开关设备的电容器组开关能力进行试验验证。

（2）额定电流与电容器组开断电流。开关设备的额定电流应当与电容器组额定电流一致，考虑到电容器组允许在1.37倍额定电流下长期运行，在电容器内部有局部故障时还能继续运行，回路电流还会增大。因此，要求开关设备的额定电流不应低于1.5倍的电容器组额定电流来选择。

（3）开关等级的选择。并联电容器装置用开关设备应选用C2级，考虑到频繁操作的要求则应标有C2-M2级，选用的断路器型式试验项目应包含投切电容器组试验。断路器必须为适合频繁操作且开断时重燃率极低的产品。如选用真空断路器，则应在出厂前进行高压大电流老炼处理，厂家应提供断路器整体老炼试验报告。

（4）短路电流开断能力。在并联电容器装置中断路器承担着短路故障开断的任务，因此其短路电流开断能力不应低于安装处的短路容量。

三、主要性能指标

1. 开合容性电流性能

由于并联电容器装置属于容性负载设备，在投切过程中存在合闸涌流和可能出现重击穿现象，此时开关设备使用条件更加苛刻。因此，并联电容器装置用开关设备与其他通用型开关设备相比，应在正常操作性能上补充容性负载方面的特性。断路器是并联电容器装置普遍应用的开关设备，着重对其进行谈论分析。

（1）标准要求。《高压交流断路器》（GB 1984—2014）规定，对用于开合电容器组的断路器，在型式试验项目中，除了对所有断路器适用的强制性型式试验项目以外，将单个电容器组开合试验、背对背电容器组开合试验列为需开展的型式试验项目。

（2）额定背对背电容器组关合涌流。在我国 20kA、4250Hz 这一优选值基本可覆盖现有的有多个分组的并联电容器装置的实际参数条件。

（3）额定单个电容器组开断电流及额定背对背电容器组开断电流。GB 1984—2014 规定，断路器在此标准中规定的使用和性能条件及其额定电压下所能开断的最大电容器组电流。这与所配置的电容器组容量应该是一致的。断路器需要开断电容器组正常运行条件下所允许的电容器组电流，还应满足在如电容器单元极间短时等非正常运行条件下的故障电流开断性能。上述两者中的较大值取为断路器的额定电容器组开断电流值。

（4）重击穿性能。由容性电流开断过程中预期的重击穿概率的型式试验所确定。GB 1984—2014 也指出，理论上不存在无重击穿的断路器，任何断路器都有一定的重击穿概率，而且重击穿概率还取决于设计的绝缘配合、操作频次、设备维护等运行条件。因此，根据重击穿性能将断路器分为 C1 级与 C2 级两大类。

重击穿性能分级由规程规定的型式试验来确定，在容性电流开合试验中具有较低的重击穿概率是 C1，具有非常低的重击穿概率的为 C2 级。并联电容器装置用的要求为 C2 级。对于重击穿的界定见表 2-13。

表 2-13　　　　　　　　重 击 穿 的 界 定

从电流零点到相关相中电压击穿间的时间间隔 f	事件的评估
$f < 1/4$ 周期	复燃
$1/4$ 周期 $\leq f \leq 1/2$ 周期	重击穿
$f > 1/2$ 周期	NSDD

非保持破坏性放电（NSDD）是指真空断路器在工频恢复电压阶段触头间的破坏性放电，导致流过与断口临近的杂散电容器相关的高频电流。在并联电容器组的开断过程中，由于暂态直流分量衰减缓慢，非保持破坏性放电仍可能引起较高的过电压。此外，大量试验验证在电流过零后发生于时间间隔 f 在 $1/4$ 周期及以上的放电中，NSDD 事件发生的次数也不在少数。因此，在电容器组电流开断试验中，通常均将 NSDD 事件按重击穿处理。

（5）C2 级断路器的判据。在 GB 1984—2014 中要求 C2 级断路器的容性电流开合试验应在断路器完成了作为预备试验的试验方式 T60 后进行。试验的布置有必要使得各试验之间断路器无相互干扰。但是，如果不可能，且地方安全法规要求降低压力以进入试验小室，只要断路器补气时重新使用了这些气体，允许降低断路器中的压力。容性电流开合试验应由表 2-14 中规定的试验方式组成。

表 2-14　　　　　　　C2 级断路器容性电流开合试验方式

试验方式	脱扣器的操作电压	操作和开断的压力	试验电流作为额定容性开断电流的百分比（%）	操作类型或操作顺序
1（LC1、CC1 和 BC1）	最高电压	最低功能压力	10～40	0
2（LC2、CC2 和 BC2）	最高电压	额定压力	不小于 100	0 和 C0 或 C0

注　在脱口器的最高操作电压下进行试验是为了便于稳定地控制分闸操作。为了试验方便，试验方式 1（LC1、CC1、BC1）也可进行 C0 操作循环。

如果在试验方式 1（LC1、CC1 和 BC1）和试验方式 2（LC2、CC2 和 BC2）中未出现重击穿，则认为断路器成功地通过了 C2 级试验。如果在试验方式 1（LC1、CC1 和 BC1）和试验方式 2（LC2、CC2 和 BC2）中出现 1 次重击穿，则断路器试验方式均应在未经检修的同一台断路器上重复试验。如果在该延长的试验系列中没有出现重击穿，则断路器成功通过试验。不应发生外部闪络和相对地闪络。

2．频繁操作性能

并联电容器装置用开关设备应满足频繁投切的要求，一般应达到国标中 M2 级断路器的性能要求，即机械操作次数在 10000 次操作循环，这是 M1 级断路器的 5 倍。

3．短路故障电流的开断性能

并联电容器装置用开关设备，当其承担开断故障电流功能时，应满足安装处短路容量的要求。

4．其他通用性能

并联电容器装置用开关设备的其他性能应满足标准规定的通用技术要求。

第四节　金属氧化物避雷器

避雷器相当于一个非线性极好的电阻。使用时安装在被保护设备附近，与被保护设备并联。正常情况下不导通（最多只流过微安级的泄漏电流），相当于开路。当作用在其上的电压达到动作电压时，避雷器导通，释放过电压能量，相当于短路。释放能量之后，避雷器又恢复原来状态。

避雷器发展历程经历了保护间隙、管式避雷器、阀式避雷器与氧化锌避雷器。早期产品一般只能限制雷电过电压，随着技术发展革新，氧化锌避雷器既可以限制雷电过电压，又能限制内部过电压。目前，在电力系统中广泛采用的多为无间隙金属氧化物避雷器，其主要元件是氧化锌阀片，它是以氧化锌为主要材料，加入少量的其他金属氧化物，在高温下烧结而成。氧化锌的电阻阀片具有理想的伏安特性。正常工作电压下其电阻值很高，实际上相当于一个绝缘体，而在过电压作用下，电阻片的电阻很小，通流能力很强。当作用电压下降到动作电压以下时，阀片自动终止"导通"状态，恢复绝缘状态。本节将重点介绍系统中应用广泛的无间隙金属氧化物避雷器。

一、技术参数

1. 结构特点

根据结构不同，金属氧化物避雷器有无间隙和带串并联间隙两大类。并联电容器由于设计场强很高而对过电压十分敏感，若避雷器带串联间隙时，因间隙放电引起的过电压将会增加并联电容器装置绝缘的负担，因此推荐使用无间隙金属氧化物避雷器。外观及内部结构如图 2-8 所示。

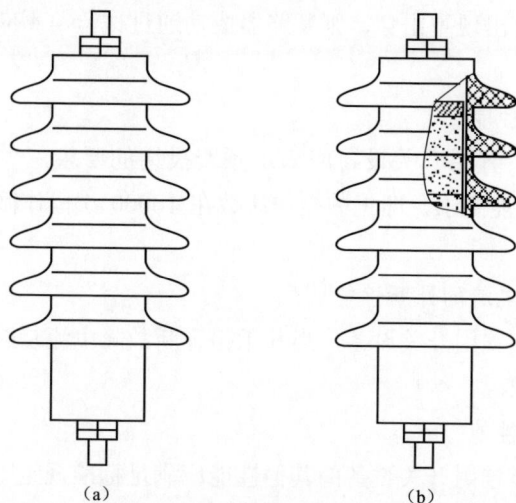

（a）　　　　　　　　　　（b）

图 2-8　无间隙金属氧化物避雷器外观及内部结构

（a）外观；（b）内部结构

保护水平和与其自身可靠性相关的主要技术指标属于避雷器的基本特性。其中保护水平取决于被保护设备的绝缘水平和保护要求，主要性能指标则根据接入处的系统参数和设备参数所决定。无间隙金属氧化物避雷器无串联间隙结构简单，冲击电流通过时的残压低，保护性能优越。具有优异非线性性能的氧化锌阀片单位体积内吸收的能量比碳化硅阀片大 5～10 倍，还可以并联使用，在限制大气过电压和操作过电压方面性能优越。但是，无串联间隙的特点将使避雷器阀片在运行中直接承受运行电压和各种过电压的作用。此时阀片发热会引起老化、寿命和热稳定等问题，在设计选型时应考虑在内。

2. 额定参数

避雷器型号含义如图 2-9 所示。

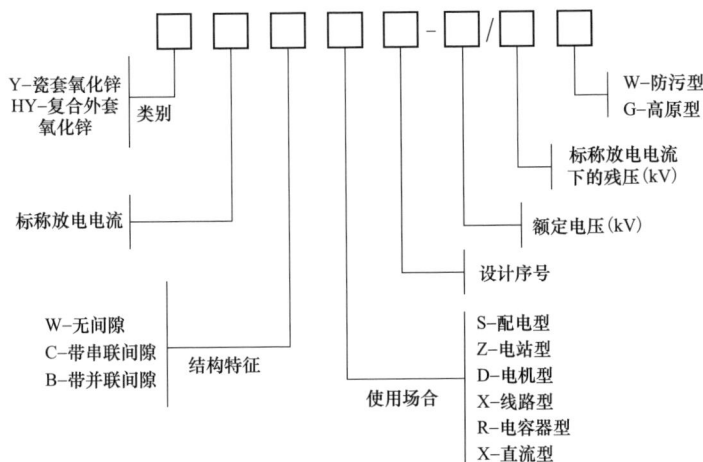

图 2-9 避雷器型号含义

（1）额定电压。施加到避雷器端子间的最大允许工频电压有效值。按照此电压所设计的避雷器能在所规定的动作负载试验中确定的暂时过电压下正确动作。它是表明避雷器运行特性的一个重要参数，一般不等于系统的标称电压。

（2）持续运行电压。允许持久的施加在无间隙避雷器端子间的工频电压有效值。考虑到无间隙金属氧化物避雷器阀片长期承受运行作用，为避免因阀片过热甚至发生热崩溃，要求长期作用在避雷器上的电压不得超过避雷器额定持续运行电压。一般相当于无间隙避雷器额定电压的 75%～80%。

（3）持续运行电流。指在持续运行电压下通过避雷器的持续电流不超过规定值，该值由制造厂规定和提供。

（4）残压。避雷器的残压是指放电电流通过避雷器时，其端子间的最大电压峰值，是表征避雷器保护水平的主要参数。

（5）工频参考电压。指避雷器在工频参考电流下测出的工频电压最大峰值除以 $\sqrt{2}$。工频参考电流由制造厂确定，工频参考电压不低于避雷器的额定电压值。在我国，习惯用直流 1mA 的直流参考电压表征其非线性特征，即外施电压超过直流 1mA 参考电压时，则通过电流将迅速增大，表明避雷器动作。

（6）标称放电电流。用来划分避雷器等级的冲击波形 8/20μs 的放电电流峰值，以确定在雷电过电压下的保护水平。

二、设备选型

并联电容器装置具有电容量大、放电能力强及分闸后三相直流残余电压不均衡、幅值高等特点，在避雷器选型时应予以考虑。通常采用图 2-10 所示的相对地的保护接线方式，避雷器接入位置应紧靠电容器组的电源侧，可以有效限制单相重燃，同时也可能降低两相重燃的概率，将电容器组和电抗器上的过电压限制在一定的范围内。

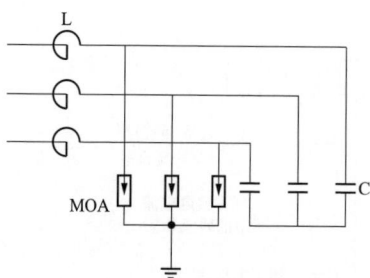

图 2-10　相对地保护接线方式

1.　通用技术条件

避雷器的选择应依据使用地区的地理信息、气象条件及地质条件等确定。通常分为正常使用条件（见表 2-15）和异常使用条件（订货时应与厂家协商）。

表 2-15　　　　　　　　　　避雷器的正常使用条件

环境类型	环境参数
海拔	≤1000m
环境温度	≤+40℃，≥-40℃
最大日温差	≤25K
日照强度	≤1.1kW/m²
电源频率	不低于48Hz，不超过62Hz
工作电压	长期工作电压不超过持续运行电压
地震烈度	≤8度
最大风速	≤35m/s
覆冰厚度	≤20mm
抗污秽水平	e级及以下污秽等级
安装方式	垂直安装

2.　参数选择

（1）额定电压。并联电容器装置用无间隙金属氧化物避雷器额定电压选择为 17～90kV，标称放电电流为 5kA。

（2）持续运行电压。并联电容器装置大部分安装于中性点非有效接地系统中，中性点一般经消弧线圈接地，且在过补偿下运行，健全相上的电压一般不高于线电压。因此，当系统在 10s 及以内切除故障时，持续运行电压应不低于系统最高相电压；当在 10s 以上切除故障时，用于 3～20kV 系统时持续运行电压不低于 1.1 倍系统最高运行电压，用于 35～66kV 系统时持续运行电压不低于系统最高运行电压。

（3）工频参考电压。在我国，习惯用直流 1mA 的直流参考电压表征其非线性特征。额定电压越高，直流 1mA 参考电压越高，避雷器运行越安全，但残压也越高，保护性能变差。并联电容器装置用避雷器，其直流 1mA 参考电压的选定必须考虑到不同运行条件下，电容器组正常开断后，三相电容器组上不同残余电压值的影响。直流 1mA 参考电压应高于相应的可能作用于避雷器两端的最高残余电压值。

（4）保护水平。并联电容器装置用避雷器主要作用是操作过电压，因此对于雷电冲击残压指标没有特别要求。

（5）爬电比距。根据污秽情况不同，最小公称爬电比距应满足 I 级轻污秽地区、II 级中等污秽地区、III 级重污秽地区、IV 级特别重污秽地区分别不小于 17、20、25、31 mm/kV。

三、主要性能指标

1. 工频电压耐受时间特性

工频电压耐受时间特性是指在规定条件下，对避雷器施加不同工频电压，避雷器不损坏、不发生热崩溃时的最长持续时间曲线。制造厂应提供避雷器在预热到 60℃ 并分别经受大电流或线路放电等级能量负载后，允许施加在避雷器上不发生损坏或热崩溃的工频电压持续时间及相应的工频电压值。

2. 操作过电压保护水平

并联电容器装置用避雷器的主要作用是限制操作过电压，因此对于雷电冲击残压指标没有特别要求。操作过电压保护水平是规定的操作冲击电流下的最大残压。避雷器的操作冲击电流残压试验所用的操作冲击电流的波头时间为 30～100μs。其电流幅值则按避雷器的不同标称电流系列、不同类型以及不同额定电压分别规定了不同的数值。

3. 短路电流性能

避雷器所能耐受的短路电流应大于避雷器安装处的最大短路电流，并按此选择避雷器的短路电流等级。最大短路电流应为安装处 15 年内系统发展可能达到的最大值（周期分量的有效值）。不同标称放电电流的短路电流试验的电流值如表 2-16 所示，额定短路电流的持续时间不应小于 0.2s。避雷器应具有压力释放装置，且在压力释放板处应具有排水孔。应依据制造厂提供的短路额定值进行短路试验，以验证避雷器的故障不会导致外套粉碎件爆破，且如果产生明火应在规定的时间内自熄灭。

表 2-16 短路电流试验的试验值 （kV）

标称放电电流	20	10	5	1.5
额定短路电流（有效值）	80	40	16	5
	63	20		
	40	10		
	20			
小短路电流（有效值）	600±200			

4. 能量吸收能力

通常分别用长持续时间电流冲击吸收能力和大电流冲击耐受能力来表征能量吸收能力。对于并联电容器装置用避雷器系统额定电压在 66kV 及以下，通过方波电流冲击耐受试验来验证。此外，还与并联电容器组的容量、接线方式及使用情况有关，一般进行幅值不小于 400A 的 2000μs 的方波冲击电流试验。对于避雷器标称放电电流等级为 5kA 的大电流冲击耐受试验值为 65kA（峰值）。试验中，电阻片在大电流冲击下，不应有击穿或闪络等破坏，试验前后测得的残压变化不大于 5%。

5. 动作负载特性

无间隙避雷器应能耐受动作负载试验要求的运行中出现的各种负载。这些负载不应引起避雷器的损坏或热崩溃。对于 5kA（额定电压 90kV 及以上）、10、20kA 等级及并联补偿电容器用无间隙避雷器应用操作冲击动作负载试验验证。如果达到热稳定，试验后检查试品，若电阻片无击穿、闪络或破损的痕迹，试验前后的各种冲击电流下的残压变化不大于 5%，则避雷器通过试验。

6. 内部局部放电水平

出厂试验中，无间隙避雷器在 1.05 倍持续运行电压下的局部放电量不大于 10pC。用户认为必要时，无间隙避雷器在到货后，安装前可进行局部放电试验。避雷器在 1.05 倍持续运行电压下的局部放电量应不大于 10pC。

第五节 串 联 电 抗 器

在并联电容器装置中串联电抗器与电容器组串联，主要作用是限制电容器合闸涌流及抑制电网高次谐波，分为干式和油浸式两大类。干式电抗器包括干式空芯电抗器、干式铁芯电抗器和干式半芯电抗器。这两大类电抗器各自具有不同特点：干式空芯电抗器优点是无油、噪声小、磁化特性好、机械强度高，适合户外安装；干式半芯电抗器和干式铁芯电抗器具有无油、体积小、漏磁弱的特点，干式铁芯电抗器可做成三相式产品、安装简单、占地少，这两种产品安装在屋内，其防电磁感应效果优于干式空芯电抗器。油浸式铁芯电抗器损耗小、价格便宜，通常为三相共体式，并具有体积小、安装简单、占地少的优点，屋内外安装均可，缺点是要考虑其防火要求。

目前，电力系统中的并联电容器装置所用串联电抗器以干式空芯电抗器与干式铁芯电抗器为主，油浸式铁芯电抗器早期应用较多，随着设备技术改造、更新换代，目前以存量为主，数量逐步减少。下面将着重介绍系统中应用较多的前两种，后者适当阐述。

一、技术参数

1. 结构特点

（1）干式空芯电抗器。此类电抗器采用干式空芯多层并联筒式结构，先用绝缘铝线在模具上绕制成单层线圈，用环氧树脂浸渍过的玻璃纤维对多个线圈进行包绕形成一个包封，同轴间叠绕多个包封，并采用绝缘性能优良的聚酯薄膜及玻璃丝作为匝间绝缘且用引拨条分隔、支撑，形成轴向散热通道。全部绕制完全后加热固化，撤去模具形成干式空芯电抗器，如图 2-11 所示。

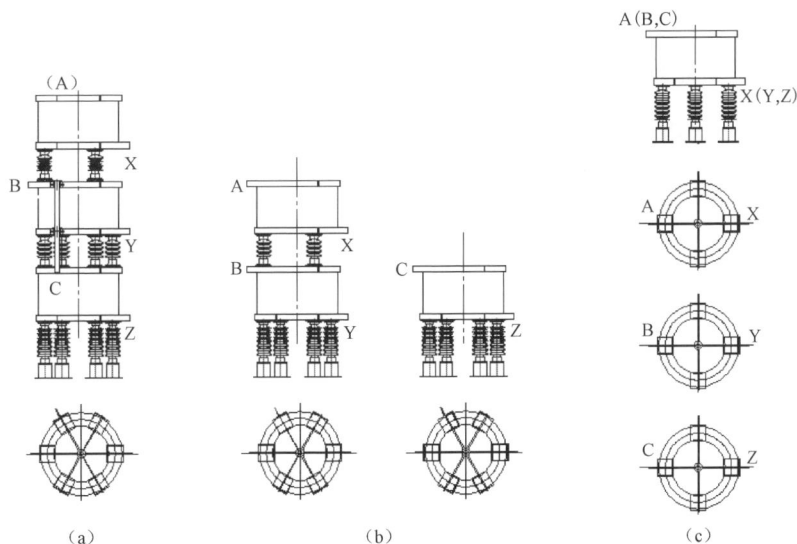

图 2-11 干式空芯电抗器结构

（a）三相叠装；（b）三相品字形装；（c）三相一字形装

电抗器的各个包封线圈通过其上下各有一个铝质星状导电架并联，各层电流均匀分布，并避免出现层间环流。每个干式空芯电抗器都是单相的，根据需要安装方式有水平排列和叠放两大类，典型布置有一字形、品字形和三相叠装。空芯电抗器的磁力线通过空间形成闭合回路，三相叠装的电抗器在设计时考虑了相间互感的影响，应视为三相一体式，不能随意改变安装方式或叠装次序。

（2）铁芯电抗器。铁芯电抗器与变压器类似，主要有铁芯和绕组构成，但电抗器每相只有一个绕组，而且铁芯柱是带间隙的铁芯饼叠装而成，铁芯饼间用绝缘板隔开形成间隙。通过压紧螺杆将铁芯饼与铁轭在电气上构成一个整体并接地。绕组与变压器类似用绝缘铜线绕制而成。此类电抗器采用铁磁材料，磁导率较大，同容量的铁芯电抗器比空芯电抗器体积小。

串联铁芯电抗器分油浸式和干式两大类。将绕组及铁芯组装成器身后，再经真空干燥、注油，通过出线套管将绕组引出，装设散热器、储油柜、压力释放阀等必要附件后即形成油浸式铁芯电抗器，三相油浸式铁芯电抗器的外形及电气接线图如图 2-12 所示。

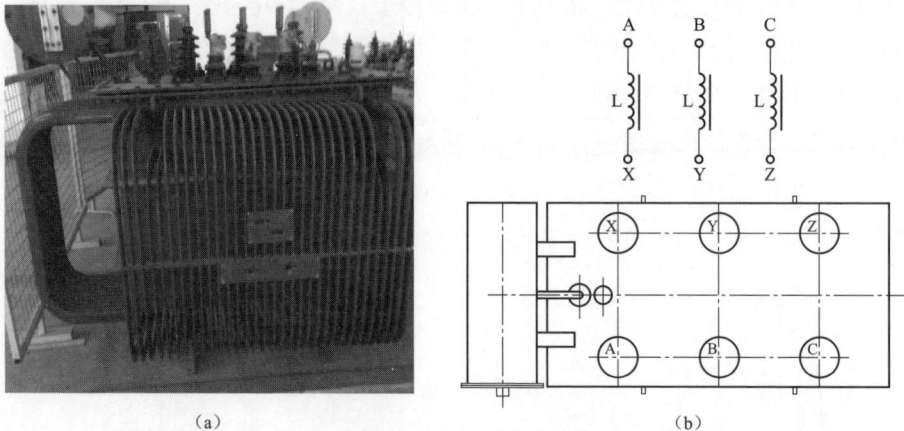

图 2-12　三相油浸式铁芯电抗器的外形及电气接线图

（a）外形图；（b）电气接线图

这类电抗器含有磁导率较大的铁芯，较同容量干式空芯电抗器相比体积小、损耗小，对周围无漏磁影响，宜用于户外。但其内部含有一定量变压器油，要注意消防措施。此外过载时，电感值会因饱和而减小。当铁芯饼或压紧螺杆松动时铁芯会松弛、噪声增大。

干式铁芯电抗器的铁芯和器身结构与油浸式基本相同，差异在于其为干式，且铁芯、器身暴露在外，因此其绝缘件要经防潮处理、金属类零部件需要除锈处理。此外，没有变压器油的散热效果，需考虑通风散热措施。干式铁芯电抗器的绕组分包封绕组式和浇注式。将绕组用浸渍树脂的玻璃纤维包绕进行包封、再加热固化的成为分包封绕组式。采用将绕组装进模具后用环氧树脂浇注工艺的称为浇注式。根据浇注用环氧树脂中是否添加填料、树脂层的厚度不同又分为厚绝缘浇注式与薄绝缘浇注式。典型的干式铁芯电抗器外形如图 2-13 所示。

这类电抗器无油、机械强度高，体积较油浸式电抗器小。同样存在长期运行后铁芯柱松动或者生锈的问题，有些生产厂家在铁芯柱与绕组间浇灌环氧树脂。这些材料一般不适宜户外使用，因此干式铁芯电抗器仅用于户内。

图 2-13　典型的干式铁芯电抗器外形

2. 额定参数

各形式电抗器铭牌型号含义如图 2-14 所示。

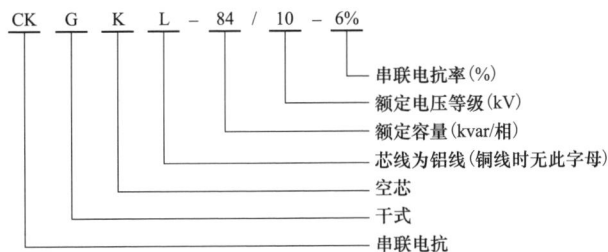

```
CK  G  K  L  - 84 / 10 - 6%
```

- 串联电抗率(%)
- 额定电压等级(kV)
- 额定容量(kvar/相)
- 芯线为铝线(铜线时无此字母)
- 空芯
- 干式
- 串联电抗

(a)

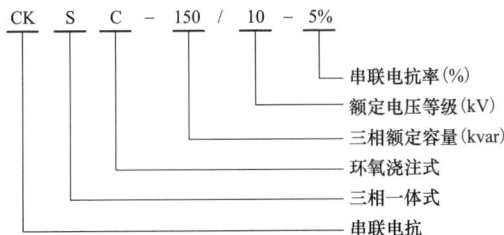

```
CK  S  C  - 150 / 10 - 5%
```

- 串联电抗率(%)
- 额定电压等级(kV)
- 三相额定容量(kvar)
- 环氧浇注式
- 三相一体式
- 串联电抗

(b)

```
CK  S  Q  -  150 / 10 - 5%
```
──────────── 串联电抗率(%)
──────────── 额定电压等级(kV)
──────────── 三相额定容量(kvar)
──────────── 动稳定加强型
──────────── 三相一体式
──────────── 串联电抗

(c)

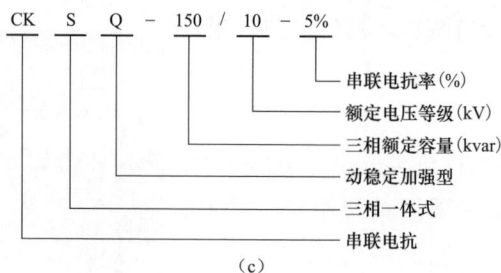

图 2-14　各形式电抗器铭牌型号含义

（a）干式空芯电抗器；（b）干式铁芯电抗器；（c）油浸式铁芯电抗器

（1）额定频率 f_N。设计电抗器的额定频率，与电网频率相同。在我国，f_N 为 50Hz。

（2）额定电抗率 K_N。串联电抗器额定感抗与串联连接的电容器的额定容抗之比的百分数。K_N 计算公式为

$$K_N = \frac{X_{LN}}{X_{CN}} \times 100(\%)$$　　　　（2-6）

K_N 可从下列数值中选取：≤1.0%、4.5%、5%、6%、12%、13%。其中 0.3%～1.0%、5%、12% 为优选值。

（3）额定电压 U_N 与额定端电压 U_{LN}。两者有着本质区别，额定电压 U_N 是指并联电容器装置接入电网处系统的标称电压，而额定端电压 U_{LN} 指设计绕组时，一相绕组两端所采用的工频电压方均根值，为电容器（组）额定相电压的 K_N 倍。《高压并联电容器用串联电抗器》（JB/T 5346—2014）中列出的额定端电压及相关参数见表 2-17。

表 2-17　　　　　　　　　　　额定端电压及相关参数

系统额定电压（kV）	配套电容器的额定电压（kV）	每相电容器串联台数	额定电抗率下的电抗器额定端电压（kV）				
			4.5%	5%	6%	12%	13%
6	$6.6/\sqrt{3}$	1	0.171	0.191	0.229	0.457	
	$7.2/\sqrt{3}$					0.499	0.540
10	$11/\sqrt{3}$		0.286	0.318	0.381		
	$12/\sqrt{3}$					0.831	0.901
20	$22/\sqrt{3}$	2	0.572	0.635	0.762		
	$24/\sqrt{3}$					1.663	1.801

续表

系统额定电压（kV）	配套电容器的额定电压（kV）	每相电容器串联台数	额定电抗率下的电抗器额定端电压（kV）				
			4.5%	5%	6%	12%	13%
35	$11/\sqrt{3}$		0.990	1.100	1.320		
	$12/\sqrt{3}$					2.880	3.120
66	$20/\sqrt{3}$		1.800	2.000	2.400		
	$22/\sqrt{3}$					5.280	5.720

（4）额定容量 Q_{LN}。额定端电压与额定电流下运行时的无功功率，每相的额定容量计算公式为

$$Q_{LN} = K_N \times Q_{CN} \tag{2-7}$$

式中 Q_{LN} ——串联电抗器一相的额定容量，kvar；

Q_{CN} ——并联电容器（组）一相的额定容量，kvar。

串联电抗器三相的额定容量为一相额定容量的 3 倍。

（5）额定电流 I_{LN}。串联电抗器的额定电流与其相串联的电容器组额定相电流一致。

（6）额定电抗 X_{LN} 与额定电感 L_N。即在额定电压、额定电流下的电抗值，可由额定端电压、额定电流及系统频率计算，即

$$X_{LN} = U_{LN} / I_{LN} \tag{2-8}$$
$$L_N = X_{LN} / \omega = X_{LN} / (2\pi f_N) \tag{2-9}$$

二、设备选型

1. 类型选择

串联电抗器的选型在《并联电容器装置设计规范》（GB 50227—2017）中这样建议，应根据工程条件经技术经济比较确定选用干式电抗器或油浸式电抗器。安装在屋内的串联电抗器，宜采用设备外漏磁场较弱的干式铁芯电抗器或类似产品。根据设备优缺点及运行经验表明，干式空芯电抗器具有动稳定性好、噪声小、磁密小、不易饱和等特点，缺点是漏磁大、易对周围物体产生影响。在场地经济允许时，户外选用此类型设备运行可靠。户内装置为减少漏磁对同一建筑内继电保护等二次设备的影响，同时兼顾防火、占地空间等因素，目前选用干式铁芯电抗器的较为广泛。

此外，设备类型选择时，还应注意以下几点：

（1）干式空芯电抗器三相叠放可减少占地面积，运行经验表明此种方式虽可以紧凑安装，但易造成单相故障时由于烟囱效应引发相间故障，导致事故扩

大，宜一字形或品字形排列水平安装。

（2）串联电抗器装设在并联电容器装置电源侧时，既可以抑制谐波和合闸涌流，又能在电抗器短路后限制短路电流，这对串联电抗器抗短路能力要求较高。干式空芯电抗器动稳定性好，宜装设于并联电容器装置的电源侧。当铁芯电抗器在耐受短路电流的能力不满足装设于电源侧要求时，应装设于中性点侧。

2. 参数选择

（1）额定电抗率 K_N 的选择。串联电抗器额定电抗率的选择，应根据电网背景谐波情况及电容器参数经相关计算分析确定，取值范围应满足以下规定：

1）当电网中谐波含量较少时，通常不含有 11 次及以下的谐波，装设电抗器的目的仅为限制合闸涌流，电抗率可选得比较小，一般为 0.1%～1%。

2）当电网中谐波不可忽视是，应考虑利用电抗器来抑制谐波。此时电抗率配置原则是使电容器组接入处的综合谐波阻抗呈感性。当谐波为 5 次及以上时，电抗率宜取 5%；当谐波为 3 次及以上时，电抗率宜取 12%，也可采用 5% 与 12% 两种电抗率混装方式。

（2）额定电流 I_{LN} 的选择。串联电抗器的额定电流 I_{LN} 与电容器组的额定相电流 I_{CN} 一致，其允许过电流不应小于并联电容器组的最大过电流值。

（3）额定频率 f_N 的选择。与电网额定频率一致，f_N 为 50Hz，则计算额定电感为

$$L_N = X_{LN} / (2\pi f_N) \tag{2-10}$$

$$X_{LN} = K_N X_{CN} \tag{2-11}$$

（4）额定电压 U_{LN} 的选择。《并联电容器装置设计规范》（GB 50227—2017）规定串联电抗器的额定电压是其适用的电压等级，而额定端电压是指串联电抗器一相绕组的端电压，它与电抗率大小相关。

（5）绝缘水平的确定。串联电抗器的绝缘水平与其安装方式有关，当串联电抗器的绝缘水平低于电网的绝缘水平时，应将其安装在与电网绝缘水平一致的绝缘平台或绝缘支架上；当不低于电网绝缘水平时，可将其安装在地面基础上。

（6）其他要求。噪声水平应符合《6kV～66kV 干式并联电抗器技术参数和要求》（JB/T 10775）要求。空芯电抗器的结构件应采用非导磁材料或低导磁材料。户外安装时受阳光直射的包封面应具有较强抗紫外线的能力，防雨、防晒、防水、防潮等措施也应考虑。

三、主要性能指标

1. 爬电比距和空气间隙

串联电抗器外爬电比距应满足《高压并联电容器用串联电抗器订货技术条

件》（DL 462—1992）规定的不小于 3.1cm/kV，当污秽特别严重时，可由用户与厂家协商确定。带电体与接地体之间的空气间隙应符合《3～110kV 高压配电装置设计规范》（GB 50060—2008）的规定，如表 2-18 所示。

表 2-18 外绝缘最小空气间隙

电压等级（kV）		6	10	20	35	66
最小间隙距离（mm）	户内	100	150	180	300	550
	户外	200	200	300	400	650

干式空芯电抗器布置和安装时，必须考虑相间防电磁感应的距离要求。当采用三相叠放时，设计时要适当加大相间空气间隙和支柱绝缘子的爬电比距。

2. 绝缘水平和声级水平

地面及绝缘台上安装的电抗器，其绝缘水平分别应满足表 2-19、表 2-20 要求。

表 2-19 地面安装的电抗器绝缘水平

系统标称电压（kV）	额定短时外施耐受电压（干式电抗器，kV）			额定雷电冲击耐受电压（峰值，kV）
	油浸铁芯	干式铁芯	干式空芯	
6	25	25	32	60
10	35	35	42	75
20	55	50	65	125
35	85	70	100	170/200
66	140	—	165	—/325

注 斜线上方的数据适用于干式铁芯电抗器。

表 2-20 绝缘台上安装的油浸式铁芯电抗器绝缘水平

系统标称电压（kV）	额定短时外施耐受电压（干式电抗器，kV）	额定雷电冲击耐受电压（峰值，kV）
35	35	134
66	66	233

在额定电流下，电抗器的声压级水平不应超过表 2-21 规定。

3. 冷却方式和温升

油浸式铁芯电抗器的冷却方式应符合《电力变压器 第 2 部分：液浸式变压器的温升》（GB 1094.2）的规定。干式空芯和干式铁芯电抗器的冷却方式应符合《电力变压器 第 11 部分：干式变压器》（GB 1094.11）的规定。

表 2-21 电抗器的声压级水平

额定容量 Q_{LN} （kvar）	声压级水平 [dB（A）]	
	干式铁芯	油浸铁芯和干式空芯
$Q_{LN}<80$	50	48
$80{\leqslant}Q_{LN}<125$	52	50
$125{\leqslant}Q_{LN}<200$	53	52
$200{\leqslant}Q_{LN}<315$	55	54
$315{\leqslant}Q_{LN}<500$	57	56
$500{\leqslant}Q_{LN}<800$	59	58
$800{\leqslant}Q_{LN}<1250$	61	60
$1250{\leqslant}Q_{LN}<2000$	64	63
$2000{\leqslant}Q_{LN}<3150$	66	66

正常使用条件下，油浸式和干式电抗器不应超过表 2-22、表 2-23 所示规定，铁芯、绕组、金属结构件及与其邻近处材料的温度，不应对电抗器任何部分造成损害。

表 2-22 油浸式电抗器温升限值

部位	温升限值（K）
绕组平均（电阻法）	60
顶层油（温度计法）	55
铁芯	使相邻绝缘材料不受损的温度
油箱及结构件表面	80

表 2-23 干式电抗器温升限值

部位	绝缘系统温度（℃）	温升限值（K）
绕组平均（电阻法）	120（E）	70
	130（B）	75
	155（F）	95
	180（H）	120
	200	130
	220	145

4. 电抗值容许偏差

在工频额定电流下电抗值的容许偏差为 0～+5%。为检验铁芯电抗器额定磁化特性，保证电抗器在一定过电流范围内铁芯饱和，规定铁芯电抗器在 1.8 倍额定电流下的电抗值与额定电抗值的允许偏差不应超过−5%。三相油浸式铁芯、干式铁芯和干式空芯电抗器每相电抗值与三相电抗平均值的允许偏差不应超过±2%。

5. 电抗器的损耗

电抗器运行过程中的铁芯损耗、线圈损耗、气隙损耗、杂散损耗等构成其有功损耗。损耗不仅消耗电能，而且损耗过大容易产热影响设备使用寿命，严重时引起故障，不利于经济运行。电抗器在工频额定电流下的损耗值（折算到 75℃，取以零结尾的整数）应满足式（2-12）计算的结果，且损耗值的允许偏差不应大于+15%。

$$\sum P = K_P Q_{LN}^{0.75} \tag{2-12}$$

式中　$\sum P$ ——电抗器在工频额定电流下的损耗值，W；

　　　K_P ——损耗系数。铁芯电抗器及空芯电抗器的损耗系数见表 2-24、表 2-25。

表 2-24　　　　　油浸式铁芯电抗器和干式铁芯电抗器的损耗系数

电压等级（kV）	额定容量 Q_{LN}（kvar）	K_P			
		油浸式铁芯		干式铁芯	
		单相	三相	单相	三相
6、10	$Q_{LN}<100$	45	50	51	56
	$100 \leqslant Q_{LN}<300$	43	47	49	54
	$300 \leqslant Q_{LN}<500$	41	44	47	52
	$500 \leqslant Q_{LN}<1000$	40	42	45	50
	$Q_{LN}>1000$	39	40	44	48
20、35	任意额定容量	44	50	55	60
66（支撑绝缘）				—	—

表 2-25　　　　　　　　干式空芯电抗器的损耗系数

额定容量 Q_{LN}（kvar）	K_P
$Q_{LN}<100$	125
$100 \leqslant Q_{LN} \leqslant 500$	95
$Q_{LN}>00$	70

注　损耗值按单相计算。

6. 过负载能力

根据《高压并联电容器用串联电抗器》（JB/T 5346—2014）要求，电抗器应能在工频电流为 1.35 倍额定电流的最大电流下连续运行；应能在 3 次和 5 次谐波电流含量均不大于 35%、总电流方均根值不大于 1.2 倍额定电流情况下连续运行。油浸式铁芯电抗器和干式铁芯电抗器应能承受 25 倍额定电流的最大短时电流的作用；干式空芯电抗器应能承受额定电抗率倒数倍额定电流的最大短时电流的作用，不产生任何热的和机械的损伤。按《电力变压器 第 5 部分：承受短路的能力》GB 1094.5 的要求，动稳定要求的时间为 0.5s，由试验验证；热稳定要求时间为 2s，由计算验证。

第六节 放 电 器 件

并联电容器用放电器件是指安装在电容器内部或外部，当电容器从电源脱开后能将电容器的剩余电压在规定时间内降至规定值以下的设备或元件，其目的是防止并联电容器装置再次投运时产生的过电压或涌流影响电容器使用寿命，也是保证运检人员安全的措施之一。

并联电容器内部放电器件即放电电阻，多采用陶瓷电阻，可接在电容器内部引出线之间或各个串联段上。其应有足够的耐受电压能力和功率。单相电容器单元的放电电阻值计算公式为

$$R \leqslant \frac{t}{C \ln(U_{CN}\sqrt{2} / U_R)} \tag{2-13}$$

式中　R ——放电电阻值，$M\Omega$；

　　　C ——电容，μF；

　　　U_{CN} ——单元的额定电压，V；

　　　U_R ——允许剩余电压，V；

　　　t ——从 $U_{CN}\sqrt{2}$ 放电到 U_r 的时间，s。

内装的放电电阻会使电容器损耗增大、发热增多，且元件数增多，运行可靠性会有所降低、成本会提高。此外，放电规定时间 t 应合理，t 较小必然要求放电电阻值减小，便会放大不利面。

并联电容器外部放电器件即放电线圈，其作用是提供电容器断开电源后剩余电荷能快速泄放的途径，以保证电容器（组）安全运行。相对单一功能的放电电阻，当放电线圈有二次绕组时，还充当不平衡保护的信号检测器件。

目前，并联电容器装置用放电线圈属标配，下面着重对其进行介绍。

一、结构特点和技术参数

1. 结构特点

并联电容器装置用放电线圈为单相型，结构与全绝缘的电磁式电压互感器基本相同，主要由用漆包线绕制的绕组和用硅钢片叠成的铁芯组成。

如前所述，有些放电线圈仅提供电容器断开电源后剩余电荷能快速泄放的途径，而不带有二次绕组。应用较多的均带有二次绕组，用以测量电压，并未给继电保护提供电压信号。根据电容器保护方式不同，这类放电线圈又分为可用于电容器开口三角不平衡保护的放电线圈和专门应用于差动保护的放电线圈，电气原理如图 2-15 所示。

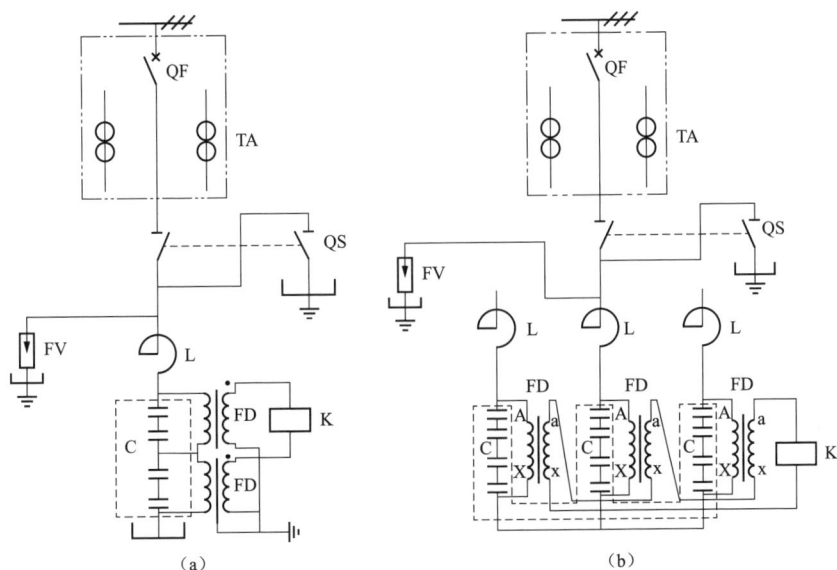

图 2-15 放电线圈保护电气原理图

（a）电压差动保护；（b）开口三角不平衡保护

用于开口三角不平衡保护的放电线圈，其一、二次绕组各引出一对端子，一次端子并联至电容器，二次端子接入不平衡保护装置。专门用于电容器差动保护的放电线圈，实际上是两个独立的放电线圈组装成一个整体，每个放电线圈都有各自的铁芯和一、二次绕组，一次绕组串联连接后引出三个端子，并接于分串联段的电容器，二次绕组经一定连接方式后接入不平衡保护装置。

放电线圈在绕组上存在差异，从绝缘结构上来分主要有干式和油浸式两大类。在浇注型树脂中添加填料、固化剂，将绕组和铁芯组成的器身经真空浇注并固化形成干式放电线圈的主绝缘。干式放电线圈具有无油、结构简单、机械强度高、维护简便等优点，且能根据需要浇注成各种形状，这种放电线圈在 35kV 及以下电压等级中应用广泛。由于放电线圈一次绕组匝数和层数较多，对浇注工艺要求较高，工艺不佳易造成局部放电超标。若用于户外，还要求产品具有抗紫外线、防老化、防开裂等性能。

与油浸式变压器一样，放电线圈也可采用油纸复合绝缘结构，形成油浸式放电线圈。这种放电线圈主绝缘、层间绝缘、端绝缘、引出绝缘等均采用油纸复合绝缘结构，绕组经套管引出形成线路端子。制造工艺需要真空干燥浸油，然后置于钢板制成的外壳内，再经真空脱气后注油，最后密封。早期 10kV 及以下的油浸式放电线圈曾是非密封的结构，使得内部绝缘介质极易吸潮劣化，易发生故障、使用寿命短，现已进行改进为全密封结构的产品。相对于干式结构，油浸式产品局放量可以做得很小、温升不高，缺点是内部有油、结构相对复杂、体积和重量也较大。

2. 技术参数

某公司生产干式放电线圈铭牌如图 2-16 所示。

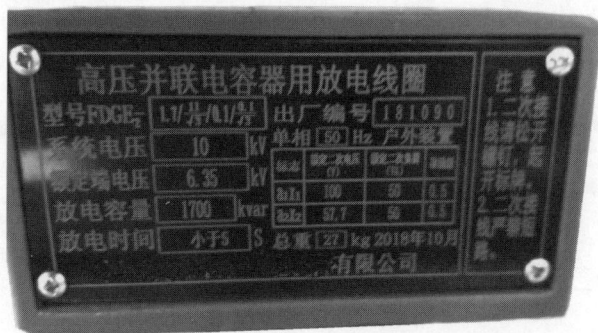

图 2-16　某公司生产干式放电线圈铭牌

该产品为干式放电线圈，有二次绕组、一次绕组共用端子，一次绕组两端的额定电压相同均为 $11/2\sqrt{3}\,\text{kV}$，最大配套电容器容量为 3.4Mvar，单相，可户外使用。

（1）额定频率 f_N：与电网频率相同，在我国 f_N 为 50Hz。

（2）相数：单相。

（3）额定一次电压：放电线圈一次绕组端子间的工频电压设计值。放电线圈应与相应的电容器并接，其额定一次电压应与该电容器的额定电压一致。如果仅用于放电，则不低于电容器的额定电压。放电线圈的额定一次电压值可在

$6.6/\sqrt{3}$、$7.2/\sqrt{3}$、$11/\sqrt{3}$、$12/\sqrt{3}$、$22/\sqrt{3}$、$24/\sqrt{3}$、$38.1/\sqrt{3}$、$41.5/\sqrt{3}$、$69/\sqrt{3}$、$76.2/\sqrt{3}$ kV 中选取。其中 $7.2/\sqrt{3}$、$12/\sqrt{3}$、$24/\sqrt{3}$、$41.5/\sqrt{3}$、$46.2/\sqrt{3}$ kV 为优先值。如采用差压保护，则额定一次电压表示为两段电压之和。

（4）额定二次电压：100V 或 $100/\sqrt{3}$ V。

（5）额定输出及准确级：50VA，0.5 级；100VA，1 级。

（6）额定放电容量：放电线圈必须能满足一定容量的电容器的剩余电压在规定时间内降至规定电压以下的放电要求，该电容器一相的容量的上限值，称为放电线圈最大配套电容器容量，也成为放电线圈的放电容量。三相放电线圈的容量是单相放电线圈容量的三倍。单相放电线圈的额定放电容量如表 2-26 所示。

表 2-26　　　　　　　　　单相放电线圈的额定放电容量　　　　　　（Mvar）

额定放电容量	1.7	2.5	3.4	5	10	20
适用电容器容量范围	0.1～1.7	1.7～2.5	2.5～3.4	3.4～5	5～10	10～20

二、设备选型

1. 类型选择

《并联电容器装置设计规范》（GB 50227—2017）规定，放电线圈选型时应采用电容器组专用的油浸式或干式产品。油浸式放电线圈应为全密封结构，产品内部压力应满足适用环境温度变压的要求，在最低环境温度下不得出现负压。油浸式的优点是主绝缘受环境条件影响小、绝缘性能好，缺点是充油产品易漏油、价格高、结构复杂，需立式安装。干式的优点是无油、价格低、结构简单、可立可横安装方便，缺点是绝缘易开裂。一般户外优选油浸式，也可用户外干式，户内可选用干式。

当放电线圈兼作电容器组不平衡保护检测器件使用时，应选用带二次绕组的，且放电线圈通常应落地安装。仅作电容器组放电使用时可不设二次绕组，可置于绝缘台架上。

放电线圈应与电容器采用直接并联接线，且放电线圈一次绕组中性点不应接地。同一装置中的放电线圈的励磁特性应保持一致。

2. 参数选择

（1）额定一次电压的选择。当电容器组额定电压及串联段数确定以后，选择原则就是放电线圈的额定一次电压与其相并接的电容器组或电容器组的部分串联段的额定电压相一致。

（2）最大配套电容器容量。指放电线圈能满足放电要求的电容器组容量，只要使用该放电线圈的电容器组容量小于此值，均可配用该放电线圈，冗余度过大配置经济。放电线圈的放电性能应能满足电容器组脱开电源后，在 5s 内将电容器组的剩余电压降至 50V 及以下。

（3）额定二次电压。用作开口三角电压保护或电压差动保护时取 100V。

（4）额定频率。即电网频率 50Hz。

（5）额定输出及准确级。应满足保护和测量的要求。建议选取 50VA、0.5级的放电线圈。

（6）绝缘水平。放电线圈的绝缘水平与其安装方式有关。在绝缘台架上安装时，放电线圈的额定电压低、绝缘水平也低，价格相对便宜。落地安装时绝缘水平应与其并联的电容器组的绝缘水平相一致。但是，二次绕组如果要引出为作继电保护用时，必须采用落地安装方式，绝缘台架上安装的放电线圈，二次绕组是无法引出绝缘台架的。

三、主要性能指标

1. 运行条件

放电线圈作为电容器的放电和保护器件，其可靠性应高于电容器，因此放电线圈的运行条件的要求也略高于电容器。如果放电线圈在不高于 1.1 倍额定一次电压下运行，则包括所有谐波分量在内的电压峰值应不超过 $1.2\sqrt{2}$ 倍额定一次电压值。《高压并联电容器用放电线圈使用技术条件》（DL/T 653—2009）规定，放电线圈的工频稳态过电压和响应允许施加时间如表 2-27 所示。

表 2-27　　　　　放电线圈的工频稳态过电压和响应允许施加时间

额定频率下的过电压倍数	允许施加时间
1.10	连续
1.15	每 24h 内少于 30min
1.20	每月中 5min 以内的少于 2 次
1.30	每月中 1min 以内的少于 2 次

2. 结构方面

放电线圈的结构部件应有足够的机械强度，便于安装。全密封油浸式放电线圈在预期寿命内应满足不需更换零部件和绝缘油，在最高运行温度下运行时内部压力不大于 0.05MPa，下限温度下内部不出现负压。外露空气中金属部分应有良好的防腐蚀层。户外安装的干式放电线圈需具有抗紫外线、防老化及防开裂等耐候性能。户内安装的干式放电线圈应满足《电力变压器　第

11 部分：干式变压器》（GB 1094.11—2007）的要求，具有良好的绝缘防潮性能，环境耐受及耐气候性能分别达到 E2 级、C2 级。

3. 爬电比距和空气间隙

放电线圈外爬电比距应不小于 3.1cm/kV，当污秽特别严重时，可由用户与厂家协商确定。带电体、接地体等之间空气间隙应符合《3～110kV 高压配电装置设计规范》（GB 50060—2008）规定，如表 2-28 所示。

表 2-28　　　　　　　　　　　外绝缘最小空气间隙

电压等级（kV）		6	10	20	35	66
最小间隙距离（mm）	户内	100	150	180	300	550
	户外	200	200	300	400	650

4. 放电性能

在额定频率和额定电压下，放电线圈与其对应最大配套容量的电容器并联时，当电容器从电源脱开以后，其端子间的剩余电压在 5s 后应由 $\sqrt{2}U_{1N}$ 降至 50V 以下，且放电线圈应能承受 $1.58/\sqrt{2}U_{1N}$ 电压下电容器储能放电的作用。

5. 励磁特性与准确级

放电线圈应按照 DL/T 653 中相关规定进行励磁特性测量，至少包含额定电压的 20%、50%、80%、100%、110%、130%、150%等测量点的测量电流，放电线圈不应饱和。用于差压保护的放电线圈，两个线圈分别进行测试，且同一电容器装置用的放电线圈励磁特性应保持一致。常用放电线圈的额定输出及准确级有 50VA、0.5 级，100VA、1 级。考虑到放电线圈二次负荷较小，建议选用 50VA、0.5 级的产品。

6. 绝缘要求

安装在地面上的放电线圈的额定绝缘水平应符合表 2-29 规定。若安装在绝缘台架上，一次绕组准备接壳的端子与箱壳绝缘时，应能承受额定短时工频耐受电压 3kV（方均根值）。

表 2-29　　　　　　　　　　一次绕组绝缘水平　　　　　　　　　（kV）

系统额定电压	设备最高电压	额定短时工频耐受电压	额定雷电全波冲击耐受电压
6	7.2	25/30	60
10	12	30/42	75
20	24	50/65	125

续表

系统额定电压	设备最高电压	额定短时工频 耐受电压	额定雷电全波冲击 耐受电压
35	40.5	80/95	200
66	72.5	110	325

注 斜线上、下的数据分别为外绝缘的湿、干状态的耐受电压。

放电线圈的绝缘耐受电压如表 2-30 所示。

表 2-30 放电线圈的绝缘耐受电压

电压类型	安装场所	电压施加部位	电压值	施加时间或次数
工频电压	地面	连在一起的高压端子对接地铁芯、外壳和二次端子	见表 2-29	1min
		二次绕组对接地铁芯、外壳和二次端子之间	3kV	1min
雷电冲击电压		高压端子间及高压端子对接地铁芯、外壳和二次端子	见表 2-29	正、负极性各三次
感应耐压		同相高压端子相互之间	2.15 倍额定一次电压	按《电力变压器 第3部分: 绝缘水平、绝缘试验和外绝缘空气间隙》（GB 1094.3）执行
	台架上外壳接固定电位	同相高压端子相互之间,将一个拟接壳的高压端子接外壳	2.15 倍额定一次电压	按 GB 1094.3 执行
工频电压		拟接壳的高压端子对壳、铁芯和二次端子	3kV	1min

此外,20kV 及以上的油浸式放电线圈与所有电压等级的干式放电线圈应进行局部放电测量,不同的是油浸式放电线圈在温度下限下进行,干式放电线圈在放电试验前后进行。在 1.3 倍额定一次电压下,油浸式放电线圈局放量不大于 5pC,干式放电线圈不大于 20pC。

7. 空载特性

放电线圈的空载特性可反映铁芯的品质,通常用空载电流及空载损耗表示。空载电流的有功分量,即对应于空载损耗,工程上认为空载损耗全部是铁芯损耗。一般在感应耐压、放电等试验前后测量比较,同一并联电容器装置用的放电线圈的空载特性应基本一致。

8. 温升要求

在 110%额定一次电压、额定频率、二次带额定负荷［负荷功率因数在 0.8

（滞后）～1之间任意值] 的条件下进行温升试验，油浸式及干式放电线圈的绕组温升分别不应超过表2-31、表2-32中的规定。

表2-31   油浸式放电线圈温升限值

部位	测温方法	温升限值（K）
绕组	电阻法	60
顶层油	温度计法	55

注 全密封产品绕组温升限制加5K；绕组温升限制为平均值。

表2-32   干式放电线圈温升限值

部位	绝缘系统温度（℃）	温升限值（K）
绕组（用电阻法测量温度）	105（A）	55
	120（E）	70
	130（B）	75
	155（F）	95
	180（H）	120
铁芯、金属部件和与其相邻的材料		在任何情况下，不会出现使铁芯本身、金属部件或与其相邻的材料受到损害的温度

注 绕组温升限制为平均值。

第七节 导体及过电流保护器件

如前所述，并联电容器装置由并联电容器及其相配套的设备、附件等组成，可按电网要求完成投切并实现安全运行的装置。其中，担负通流作用的导体回路以及防止过电流对并联电容器产生损害的熔断器对保证并联电容器装置安全可靠运行具有重要意义。特别是，近年来随着用电负荷不断攀升、装机容量不断增大，对无功功率需求也在与日俱增，已有厂家将10、35kV电压等级的单组并联电容器装置容量做到10、60Mvar以上，仅在额定条件下电流都分别至757、990A，加之设备运行工况的恶化、安装质量或检修维护不到位，由此引发的并联电容器装置接头发热问题成为设备维护单位的频见故障。

高压熔断器作为一种过电流保护器件，在设计参数匹配、设计合理的情况下，当通过危险过电流时，靠熔丝的熔体发热—熔化—开关来切断电路、隔离故障，起到保护作用。根据电力设备维护部门统计，高压熔断器频繁动作以及由于参数匹配、安装等不良造成的群爆事件也时有发生。本节将以并联电容器装置通流回路涉及的导体、高压熔断器为重点，介绍其技术参数及选择原则，以期减少因通流回路异常引发的故障。

一、结构特点和技术参数

并联电容器装置用导体涉及软导线与硬导体，材质以铝、铝合金或铜材料为主，其中软导线主要是铜绞线，硬导体主要是矩形母排。涉及导体的材质及其特性方面的研究在于材料科学，工程上主要考虑如何根据通流要求选取合适的截面积、选择适当的对接方式、严控安装工艺，这主要在设备选型中介绍。下面着重介绍高压熔断器的结构及相关参数。

1. 结构特点

高压熔断器靠熔丝的熔断实现开合电路、隔离故障，按照灭弧介质分为两类，即喷射式熔断器与限流式熔断器，应用广泛的是喷射式熔断器。在配电网上分散补偿的小型电容器装置用跌落式熔断器，起保护开断和隔离作用。单台高压并联电容器用熔断器是一种专用的喷射式高压熔断器，用于单台电容器内部故障时的保护开断，现场安装形式如图2-17所示。

高压熔断器的主要部件是可更换的熔丝，由熔体加上连接导线组成。通常采用小截面、电阻率低、高熔点等合金或纯金属材料制成。在正常工作条件下，工作电流不大于熔丝额定电流，发热与散热达到平衡，低于熔丝熔断限值，保证熔断器能长时间稳定工作。当工作电流高于熔丝额定电流时，熔丝熔体及各部分的发热都将按电流的平方关系增大，一旦产热快于散热、热平衡不能维持时，熔体温度升高，开始局部熔化，形成熔化区。如果继续长期工作，熔化区最终汽化，形成电弧，导致熔断。

2. 技术参数

某厂家高压熔断器铭牌如图2-18所示。

图2-17　电容器高压熔断器　　　图2-18　某厂家高压熔断器铭牌

（1）额定电压。一般为被保护电容器同级产品中最高值的 1.1 倍，如表 2-33 所示。

表 2-33　　　　　　　熔断器的标准额定值

熔断器额定电压（kV）	并联电容器额定电压（kV）	并联电容器额定容量（kvar）	熔断器额定电流（A）	熔丝额定电流范围（A）	额定开断电流（A）	耐爆容量（kW·s）	额定感性开断电流（A）
7.7	$10.5/\sqrt{3}$、$21/2/\sqrt{3}$、$11//\sqrt{3}$、$22/2/\sqrt{3}$、$12//\sqrt{3}$、$24/2/\sqrt{3}$	100	25	20～25	1250	15	1800
		200	50	40～50	1800	15	
13	10.5、11、12	100	15	12～14	450	15	—
		200	30	23～28	630	15	
		334	50	38～47	630	15	

（2）同型号熔断器。具有相同的结构、尺寸和材料，用于同一额定电压和开断容量，包含了一定范围内的不同额定电流的熔丝，这些熔丝仅在熔体的尺寸上有所不同，这样的熔断器称为同型号熔断器。

（3）熔断器的额定电压。熔断器的正常工作电压（有效值），其值应与被保护的单台电容器额定电压相一致。

（4）熔断器的额定电流。熔断器可长期使用的工作电流（有效值），其值应不低于该型号中最大规格的熔丝的额定电流。

（5）熔丝的额定电流。熔丝组装成熔断器后可以长期使用的工作电流（有效值）。

（6）电容器的耐受爆破能量。电容器内部发生极间或极对外壳内部击穿时，不引起电容器外壳及套管破裂的最大能量。

（7）电容器外壳的 10%破坏概率曲线。在电容器内部电弧作用下，用电流与时间关系来表示的电容器箱壳有 10%的概率发生破坏或漏油的曲线。

（8）熔断特性。在给定的条件下，通过熔断器的电流与熔断器动作时间的函数关系曲线。

二、设备选型

1. 高压熔断器的选择

（1）用于单台电容器保护的外熔断器选型时，应采用电容器专用熔断器。额定电流在 50A 以下，已经有了成熟的系列产品，但 50A 以上的还存在问题，尚不能通过全部试验项目，因此，选用时应慎重。此外，大容量熔断器的采用，意味着单台电容器容量也比较大，发生故障时易产生"群爆"故障，建议单台大容量电容器选用带内熔丝的。

（2）用于单台电容器保护的外熔断器熔丝的额定电流可按电容器额定电流的 1.37～1.50 倍选择。熔丝额定电流值的配置推荐如表 2-34 所示。

表 2-34　　　　　　　　　　熔丝额定电流值的配置推荐值

熔断器额定电压 （kV）	电容器额定电压 （kV）	熔丝额定电流配置（A）		
		100kvar	200kvar	334kvar
7.7	$10.5/\sqrt{3}$ 、$21/2\sqrt{3}$	23	46	
	$11/\sqrt{3}$ 、$22/2\sqrt{3}$	22	44	
	$12/\sqrt{3}$ 、$24/2\sqrt{3}$	20	40	
13	10.5	14	28	44
	11	13	25	42
	12	12	23	40
耐爆能力（kW·s）		15		

（3）用于单台电容器保护的外熔断器的额定电压、耐受电压、开断性能、熔断性能、耐爆容量、抗涌流能力、机械强度和电气寿命等，应符合国家现行有关标准的规定。

2．载流导体的选择

（1）单台电容器至母线或熔断器的连接线应采用软导线，其长期允许电流不宜小于单台电容器额定电流的 1.5 倍。若采用铜绞线，运行经验表明，电流密度建议不高于 2～3A/mm^2。

（2）并联电容器装置的分组回路，回路导体截面应按并联电容器组额定电流的 1.3 倍选择，并联电容器组的汇流母线和均压线导线截面与分组回路导体截面相同。回路导体采用铝质矩形母线较多，依据《导体和电器选择设计技术规定》（DL/T 5222—2005），其长期允许载流量如表 2-35 所示。

表 2-35　　　　　　　　　　矩形铝导体长期允许载流量　　　　　　　　（A）

导体尺寸 h×b （mm×mm）	单条		双条		三条		四条	
	平放	竖放	平放	竖放	平放	竖放	平放	竖放
40×4	480	503						
40×5	542	562						
50×4	586	613						
50×5	661	692						
63×6.3	910	952	1409	1547	1866	2111		

续表

导体尺寸 h×b （mm×mm）	单条		双条		三条		四条	
	平放	竖放	平放	竖放	平放	竖放	平放	竖放
63×8	1038	1085	1623	1777	2113	2379		
63×10	1168	1221	1825	1994	2381	2665		
80×6.3	1128	1178	1724	1892	2211	2505	2558	3411
80×8	1274	1330	1946	2131	2491	2809	2863	3817
80×10	1472	1490	2175	2373	2774	3114	3267	4222
100×6.3	1371	1430	2054	2253	2633	2985	3032	4043
100×8	1542	1609	2298	2516	2933	3311	3359	4479
100×10	1278	1803	2558	2796	3181	3578	3622	4829
125×6.3	1674	1744	2446	2680	2079	3490	3525	4700
125×8	1876	1955	2725	2982	3375	3813	3847	5129
125×10	2089	2177	3005	3282	3725	4194	4225	5633

注 载流量系按最高允许温度+70℃，基准环境温度+25℃、无风、无日照条件计算的。导体尺寸中，h 为宽度，b 为厚度。当导体为四条时，平放、竖放第 2、3 片间距皆为 50mm。

（3）双星形接线电容器组的中性点连接线和桥形接线电容器组的桥连接线，其长期允许电流不应小于电容器组的额定电流。

（4）并联电容器装置的所有连接导体应满足长期允许电流的要求，并应满足动稳定和热稳定要求。

三、主要性能指标

1. 高压熔断器的主要性能指标

（1）抗涌流能力。熔断器应能承受第一个半波幅值不低于熔丝额定电流 10 倍的涌流冲击。这主要考虑到电容器组频繁操作带来的合闸涌流冲击可能会引起熔丝误动作。

（2）耐压水平。熔丝熔断后，熔断器应能耐受如表 2-36 所示的 1min 试验电压，不得发生闪络或击穿。户外型熔断器应进行湿试验（干式与湿式耐压值一致）。

表 2-36	熔 断 器 耐 压 水 平		（kV）
熔断器额定电压	7	12	20
试验电压	42	42	70

（3）温升要求。表征熔丝熔体的正常工作状态，当通过额定电路时，其温

升不得超过表 2-37 中的规定值。

表 2-37 熔 断 器 温 升 要 求

熔断器各部分的名称	最大允许发热温度（℃）	允许温升（K）	
		户内式	户外式
与绝缘材料接触的金属部分，以及由绝缘材料制成的零件，当绝缘材料等级为： Y A E、B、F	 85 100 110	 45 60 70	 45 50 60
接触连接： a. 铜或铝（包括紫铜带）无镀层 b. 铜或铝镀（搪）锡 c. 铜渡银 d. 铜渡银厚度大于 50μm 或镶银片	 80 90 105 （120）	 40 50 65 （80）	 30 40 55 （77）
起弹簧作用的金属零件	最大允许温度应以不损害材料的弹性为限		

注 括号内为推荐值。对于弹簧的最大允许温度值，可参考《普通圆柱螺旋弹簧》（GB 1239）中推荐值。

（4）容性电流开断能力。熔断器应能在规定条件可靠隔离故障电容器，而不影响网络及其他电容器的正常运行，应能开断流过与其串联的故障电容器的容性电流。

（5）熔断特性。熔丝应具有如表 2-38 所示的基本熔断特性。

表 2-38 熔 断 器 熔 断 特 性

熔丝额定电流倍数	1.1	1.5	2.0
熔断时间	4h 不熔断	≤75s	≤7.5s

熔断器熔丝应具有稳定可靠的时间-电流特性曲线，曲线使用 lg-lg 对数坐标表示，由制造厂随产品提供给用户。时间-电流特性曲线应包括 0.01～600s 的时间范围及其对应的动作电流，及 0.1～600s 时间范围内动作时间的分散性。动作时间的分散性推荐值为：1.3 倍熔丝额定电流时，动作时间的偏差不超过 ±60%。时间-电流特性曲线（包括其偏差）应满足表 2-38 规定的要求，并且必须置于被保护的电容器外壳的 10%破坏概率曲线的下方。

（6）耐爆性能与 10%外壳爆裂概率曲线。熔断器的耐爆性能应能耐受并开断来自并联的电容器的放电能量，其值应不低于被保护电容器的耐受爆破能量。10%外壳爆裂概率曲线是指在电容器发生内部故障时，不用的工频故障电流导致外壳爆裂，其破坏概率为 10%时的电流与持续时间的关系曲线，或称为电容器外壳爆裂低概率曲线。标准认为：在电流-时间坐标系中，熔断器的安秒特性曲线（包括其分散性）处于 10%外壳爆裂概率曲线的左侧。在此条件下，熔断器动作总是快于电容器外壳的爆裂，电容器组是安全的。

2. 载流导体的主要性能指标

（1）短路热稳定的验算。导体的最高允许温度，对硬铝及铝镁合金可取 200℃、硬铜可取 300℃，短路前得导体温度应采用额定负荷下的工作温度。验算公式详见《导体和电器选择设计技术规定》（DL/T 5222—2005）。

（2）硬导体除满足工作电流、机械强度和电晕等要求外，导体形状还应满足电流分布均匀、机械强度高、散热良好、有利于提高电晕起始电压、安装简单连接方便。

（3）硬导体的动稳定性验算。硬导体的最大应力不应大于表 2-39 中的数值。

表 2-39　　　　　　　　　　硬导体的最大允许应力　　　　　　　　　（MPa）

项目	导体材料及牌号和状态							
	铜/硬铜	铝及铝合金						
		1060 H112	IR35 H112	1035 H112	3A21 H18	6063 T6	6061 T6	6R05 T6
最大允许应力	120/170	30	30	35	100	120	115	125

注　表内所列数值为计及安全系数后的最大允许应力。安全系数一般取 1.7（对应于材料破坏应力）或 1.4（对应于屈服点应力）。

（4）导体的安装。各类硬母线、软导线等施工质量标准及工艺要求应满足《电气安装工程　母线装置施工及验收规范》（GB 50149—2010）中相关规定。

第三章 并联电容器装置的保护与控制

第一节 概 述

并联电容器装置的故障对供电的可靠性和系统的安全性带来严重影响,因此,必须装设性能良好、工作可靠的继电保护装置。

一、电容器装置的故障类型及不正常运行状态

1. 电容器装置的故障类型

电容器装置故障主要有电容器引线、电缆或电容器本体上发生的相间短路、单相接地等。

2. 电容器装置的不正常运行状态

电容器装置的不正常运行状态主要包括:母线电压升高,电容器组过负荷,由于部分电容器熔断器熔断退出运行造成三相电压不平衡引起其他电容器单体运行电压过高等。

二、电容器故障保护类型及配置

针对电容器各种类型的故障及不正常运行状态,需要配置相应的保护。电容器保护的类型主要分为内部故障的保护和异常运行保护。

1. 内部故障的保护配置

(1)内熔丝保护。内熔丝保护是电容器元件故障保护,当电容器内部单个元件击穿,熔丝动作并切除故障元件,其余元件继续运行。

(2)外熔断器保护。外熔断器保护是单台电容器保护,当整台电容器内元件串联段的击穿率达到上限时熔断器动作,切除并可靠隔离故障电容器。

(3)不平衡保护。单台电容器内部损坏,将引发电容器组出现不平衡电流或电压,为防止故障扩大,需设置不平衡保护,切除故障电容器组。根据一次设备接线情况选择相应不平衡保护类型。

2. 异常运行保护配置

(1)过电流保护。可设置2~3段反映相电流增大的过电流保护作为电容器相间短路故障的主保护,其中Ⅰ段为延时电流速断保护。

(2)过电压保护。为防止系统稳态过电压造成电容器损坏,设置过电压

保护。

（3）低电压保护。为防止系统故障后线路断开引起电容器组失去电源，短时间内因备自投或重合闸动作，线路重合又使母线带电，导致电容器组承受合闸过电压而损坏，设置低电压保护。

（4）接地保护。反映电容器组的接地短路故障保护。

3. 电容器一般应配置的保护装置

针对上述故障及不正常运行状态，电容器一般应配置内部故障保护、过电流保护、过电压保护、低电压保护等基本保护。

根据运行条件可增设其他故障保护，如缺相保护、谐波保护等。需要特别注意的是，电容器装置禁用自动重合闸保护。

第二节 内部故障保护

电力电容器内部由若干电容元件串联和并联组成，电容元件极板间的绝缘介质在高电压作用下容易发热、游离直至击穿，与其并联的电容元件被短路，与其串联的电容元件因电压升高被击穿，剩余电容元件的电压将更高，产生恶性联锁反应，最终导致整台电容器的贯穿性击穿故障。内部故障保护，目的是当电容器组出现部分元件击穿但尚未引起全部元件击穿短路时，将其从系统中断开。

一、内部故障类型及其保护

1. 电容器内部故障类型

电容器的内部故障主要包括内部元件击穿、内部极间短路故障、内部或外部极对壳短路故障。

2. 电容器内部故障的保护工作原理

针对不同的电容器内部故障类型，电容器内部故障保护分为内熔丝保护、熔断器保护及继电保护。

（1）内熔丝保护。电容器内部某个元件一旦击穿，与其并联元件的放电电流和电源工频续流使该元件的内熔丝动作，从而隔离故障元件。按照《高电压串联电容器》（GB 3982.2—1989）的要求，当元件在 $0.9U_N$（额定电压）和 $2.0U_N$ 范围内发生击穿时，熔丝应能将损坏的元件隔离开。

（2）熔断器保护。电容器内元件串联段的击穿率达到规定值时熔断器动作，从而隔离故障电容器，使其余完好电容器继续运行。熔断器具有反时限特性，其时间-电流特性曲线要与电容器箱壳的爆裂曲线相匹配。

（3）继电保护（不平衡保护）。电容器内部出现故障时引起电容值变化，从而使故障支路与非故障支路之间出现不平衡电压或电流。当电容器内部故障继电保护输出达到整定值，可切除整组电容器。基于此原理，该保护又称不平衡保护。

二、电容器内部故障保护方式

电容器内部故障保护通常有三种方式：内熔丝加继电保护，熔断器加继电保护和无熔丝仅有继电保护。

1. 采用内熔丝加继电保护方式

内熔丝安装简单，熔断时间短，可作为单个元件击穿故障的主保护。但内熔丝对电容器其他内部故障无保护作用，需由继电保护作为电容器内部故障的后备保护。

2. 采用熔断器加继电保护方式

熔断器切除故障迅速，选择性好，可作为电容器内部故障的主保护。继电保护动作时限较长，作为后备保护，当熔断器切除故障电容器后，若其余完好电容器的过电压超过限值，保护动作切除电容器组。

3. 继电保护方式

继电保护动作性能稳定，通过合理设定保护动作整定值，可作为电容器内部故障的主保护，其保护对象为电容器组，要求电容器组三相平衡，不允许缺台运行。

为保证电容器的安全运行，电容器内部故障保护必不可少，但装设何种方式，需根据电容器本体情况与当地实践经验进行选择。

第三节　电容器组的不平衡保护

上节介绍了电容器的内部故障保护，其中不平衡保护根据一次设备接线情况不同，常用的有以下四种：单星形接线开口三角电压保护、单星形接线电压差动保护（相电压差保护）、双星形接线中性线不平衡电流保护（中性线差流保护）和桥差保护。本节主要介绍 4 种不平衡保护的接线方式、保护原理、整定计算等内容。

一、开口三角电压保护

开口三角电压保护多应用于 10kV 单星形接线的电容器组，将放电线圈的二次首末端相接形成一个开口三角，无需专用互感器，灵敏度高。该保护易受系统电压不平衡的影响，但 10kV 系统对地点燃不平衡度相对较小。

1. 原理接线

开口三角电压保护原理接线图如图 3-1 所示。放电线圈二次接成开口三角，开口处接电压继电器（KV）。

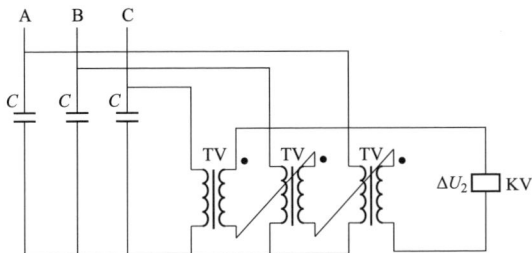

图 3-1　开口三角电压保护原理接线图

2. 保护原理

电容器组发生故障时，三相电容不平衡使中性点电位偏移，此时开口三角电压不再为零，而是输出一个不平衡电压。如图 3-2 所示，若 A 相熔断器动作，中性点 O 移至 O′，对应二次侧开口三角电压为 ΔU_2。

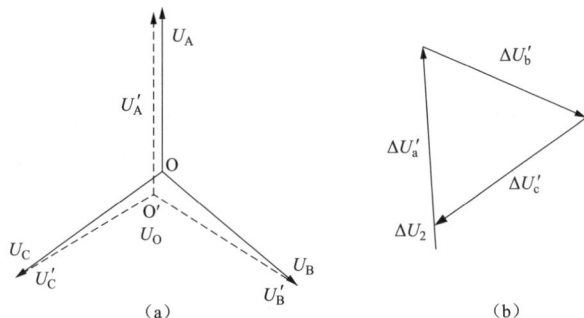

图 3-2　三相电容不平衡后中性点电位偏移相量图

(a) 一次侧；(b) 二次侧

3. 计算公式

《3kV～110kV 电网继电保护装置运行整定规程》（DL/T 584—2007）已给出开口三角电压的计算公式，如表 3-1 所示。

4. 整定原则及定值设置

（1）整定原则。针对 6～110kV 电容器装置，不平衡保护方式不同，但整定原则相同，目前整定有以下三种：

1）对于采用熔断器及内熔丝的电容器组，按照完好电容器单元的过电压不超过其额定电压的 1.1 倍整定。

67

表 3-1 开口三角电压的计算公式

序号	熔丝保护方式	计算公式	符号含义
1	熔断器	$\Delta U_{\mathrm{C}} = \dfrac{3KU_{\mathrm{N}\varphi}}{3MN - K(3N-2)}$ $K = \dfrac{3MN(K_{\mathrm{V}}-1)}{K_{\mathrm{V}}(3N-2)}$	ΔU_{C}——不平衡电压; $U_{\mathrm{N}\varphi}$——电容器组每相额定电压; K_{V}——完好单元或元件允许过电压倍数,$K_{\mathrm{V}}=1.1$(熔断器),K_{V}为 1.15~1.3(内熔丝); M——一相中并联单元数; N——一相中串联单元数,单元先并后串; m——单元中并联元件数; n——单元中串联元件数,元件先并后串; K——一段中切除单元数; k——一段中切除元件数; β——单台电容器内部元件击穿段数的百分数
2	内熔丝	$\Delta U_{\mathrm{C}} = \dfrac{3kU_{\mathrm{N}\varphi}}{3MNmn - k(3MNn - 3MN + 3N - 2)}$ $k = \dfrac{3MNmn(K_{\mathrm{V}}-1)}{K_{\mathrm{V}}(3MNn - 3MN + 3N - 2)}$	
3	无熔丝	$\Delta U_{\mathrm{C}} = \dfrac{3\beta U_{\mathrm{N}\varphi}}{3MN - \beta(3MN - 3N + 2)}$	

2)对于集合式高压并联电容器和内熔丝电容器,可按故障电容器内完好原件的过电压不超过元件额定电压的 1.15~1.3 倍整定。

3)对于无熔丝的电容器组,可按单台电容器中元件串联段的击穿段数达 50%~70%时保护动作整定。

(2)定值设置。保护动作必须具有可靠性和灵敏性,因此设置定值一方面须满足继电器可靠动作,另一方面需防止正常情况下保护误动。不平衡电压保护为过量保护,整定值要满足的条件为:比不平衡保护输出值小一些,比初始不平衡值大。整定值公式为

$$U_{\mathrm{DZ}} = \frac{\Delta U_{\mathrm{C}}}{K_{\mathrm{LM}}} \qquad (3\text{-}1)$$

$$U_{\mathrm{DZ}} \geqslant K_{\mathrm{K}} U_{\mathrm{BP}} \qquad (3\text{-}2)$$

式中　U_{DZ}——不平衡保护电压整定值;

　　　ΔU_{C}——开口三角电压不平衡电压;

　　　K_{LM}——灵敏系数;

　　　U_{BP}——开口三角电压初始值;

　　　K_{K}——保护可靠系数。

保护规程中要求 K_{LM} 通常取 1.1~1.3 $K_{\mathrm{LM}}K_{\mathrm{K}}$ 最小应满足 1.65 倍。

该保护优点为接线简单,放电线圈可以兼作保护,只用一组电压继电器;缺点为易受三相参数不对称和电源不对称的影响,灵敏度较低。

二、相电压差压保护

相电压差压保护（电压差动保护）用于电容器单星形接线时的电压保护，一般用于 10kV 系统 5000kvar 及以上容量的电容器组、20kV 和 35kV 系统 20Mvar 及以下容量电容器组，也用于 66kV 系统小容量电容器组。

（1）原理接线。差压保护原理接线图如图 3-3 所示，图中仅以 C 相为例画出示意图，该接线每相均有三个出线套管。

如图 3-3 所示，每相电容器并接一台有公共抽头的放电线圈，放电线圈二次绕组极性端相连，非极性端接入电压继电器，即可得二者差压。

（2）保护原理。当电容器正常情况时，两段电容器二次电压为 1:1，进入电压继电器的电压达到平衡。内部故障时，两段电容器电压配比必定不再平衡，出现二次差压值，当达到差压整定值时保护动作。

以两段电容值比例为 1:1 为例，差压保护原理如图 3-4 所示。

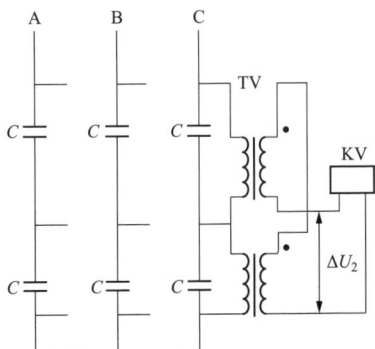

图 3-3 差压保护原理接线图

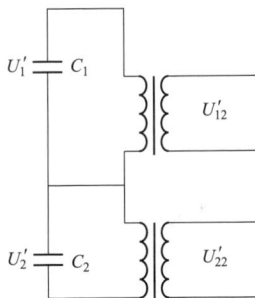

图 3-4 差压保护原理

故障前：$U_\varphi = U_1 + U_2$，$U_1 = U_2 = \dfrac{U_\varphi}{2}$，$\Delta U = \left| U_1 - U_2 \right|$，$C_\varphi = \dfrac{C_1 C_2}{C_1 + C_2}$。

若 C1 段中发生故障，内熔丝切除故障元件，此时电容值为 C_1'。

设 $C_1' = (1-\xi)\,C_1$，其中 $\xi = \dfrac{C_1 - C_1'}{C_1}$ 为电容值相对变化率，故新的相电容为

$$C_\varphi = \frac{C_1' C_2}{C_1' + C_2} = \frac{(1-\xi)C_1 C_2}{(1-\xi)C_1 + C_2} = \frac{(1-\xi)C_1}{2-\xi} \qquad (3-3)$$

故障后分压为

$$U_1' = \frac{C_\varphi'}{C_1'} U_{N\varphi} = \frac{1}{2-\xi} U_{N\varphi} \qquad (3-4)$$

$$U_2' = \frac{C_\varphi'}{C_2'}U_{\mathrm{N}\varphi} = \frac{1-\xi}{2-\xi}U_{\mathrm{N}\varphi} \qquad (3\text{-}5)$$

$$\Delta U = |U_1 - U_2| = \frac{\xi}{2-\xi}U_{\mathrm{N}\varphi} \qquad (3\text{-}6)$$

（3）整定计算。电压差动保护与开口三角电压保护计算公式相同，见表3-1。但由于保护原理的区别，电压差动保护的灵敏度高于开口三角电压保护。特别注意的是，电压差动保护与初始不平衡电压也需做到与初始不平衡电压输出之间的配合。

电压差动保护的优点在于接线简单，不装设电流互感器；对于每套保护均设有一套不平衡保护，不受系统三相不平衡因数的干扰。

三、桥式差电流保护

桥式差电流保护是用于单星形接线（中性点不接地）的电流保护，通常适用于大容量电容器组。

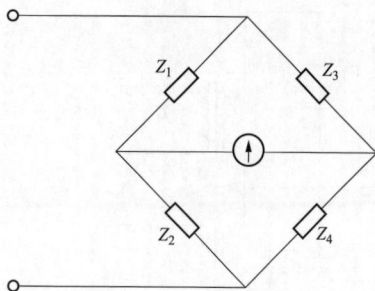

图 3-5　桥式电路原理

（1）原理接线。每个桥路的电容器分为两个支路四个臂，在两支路中点加装电流互感器，三相接线相同。

（2）保护原理及计算公式。桥式平衡电路原理如图3-5所示，为保证桥式电路平衡的条件为 $Z_1Z_4 = Z_2Z_3$（即 $C_1C_4 = C_3C_2$），达到平衡后，电桥流过的电流为零。

当一个臂的电容出现故障，则电桥会失去平衡，电桥检流计会存在电流，达到定值后保护动作。

桥式差电流保护计算公式如表3-2所示。

表 3-2　　　　　　　　　　桥式差电流保护计算公式

序号	熔丝保护方式	计算公式	符号含义
1	熔断器	$I_{\mathrm{O}} = \dfrac{3KI_{\mathrm{N}\varphi}}{3MN - K(6N-8)}$ $K = \dfrac{3MN(K_{\mathrm{V}}-1)}{K_{\mathrm{V}}(6N-8)}$	K_{V}—完好单元或元件允许过电压倍数，$K_{\mathrm{V}}=1.1$（熔断器），K_{V} 为 $1.15\sim1.3$（内熔丝）； M—一相中并联单元数； N—一相中串联单元数，单元先并后串；
2	内熔丝	$I_{\mathrm{O}} = \dfrac{3kI_{\mathrm{N}\varphi}}{3MNmn - k(3MNn - 3MN + 6N-8)}$ $k = \dfrac{3MNmn(K_{\mathrm{V}}-1)}{K_{\mathrm{V}}(3MNn - 3MN + 6N-8)}$	m—单元中并联元件数； n—单元中并联元件数，元件先并后串； K—一段中切除单元数；

续表

序号	熔丝保护方式	计算公式	符号含义
3	无熔丝	$I_\mathrm{O}=\dfrac{3\beta I_{\mathrm{N}\varphi}}{3MN-\beta(3MN-6N+8)}$	k——一段中切除元件数; I_O——不平衡电流; $I_{\mathrm{N}\varphi}$——电容器组每相额定电流; β——单台电容器内部元件击穿段数的百分数

四、中性点不平衡电流保护

中性点不平衡电流保护通常用于双星形接线,通常用于 10kV 系统 5Mvar 以上容量的电容器组以及 35kV 和 66kV 系统 30Mvar 以下容量的电容器组。

(1)原理接线。中性点不平衡电流保护接线图如图 3-6 所示,在双星形的中性点之间加装电流继电器(KA)以检测中性点电流。

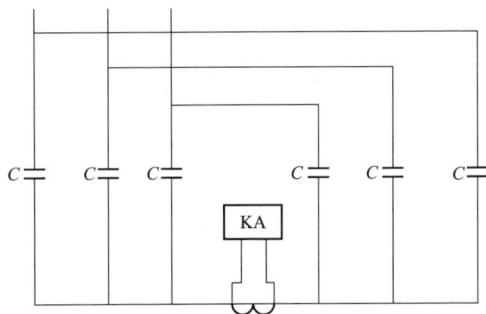

图 3-6 中性点不平衡电流保护接线

(2)保护原理。正常状态下双星形接线三相参数对称,中性点电位为零,平衡状态下中性点无电流通过。当任一电容器发生故障则中性点电位发生偏移,电流互感器流过不平衡电流,达到定值后保护动作。

以 A 相为例来分析不平衡保护原理,如图 3-7 所示。

设正常状态下每臂阻抗为 Z_e,故障后故障电容器阻抗为 Z,此时该故障相阻抗 Z_a 为

$$Z_\mathrm{a}=\frac{ZZ_\mathrm{e}}{Z+Z_\mathrm{e}} \tag{3-7}$$

非故障相阻抗 Z_b 为

$$Z_\mathrm{b}=Z_\mathrm{C}=\frac{Z_\mathrm{e}}{2} \tag{3-8}$$

71

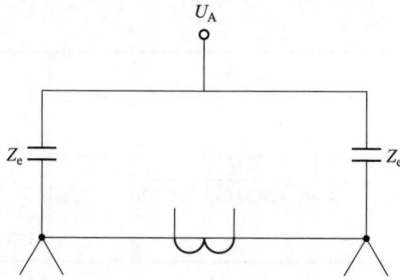

图 3-7 不平衡保护原理（A 相）

中性点位移电位 U_O 为

$$U_O = \frac{\dfrac{U_A}{Z_a} + \dfrac{U_B}{Z_b} + \dfrac{U_C}{Z_c}}{\dfrac{1}{Z_a} + \dfrac{1}{Z_b} + \dfrac{1}{Z_c}} = \frac{(Z_b - Z_a)U_A}{Z_b + 2Z_a} = \frac{Z_e - Z}{Z_e + 5Z}U_A \qquad (3\text{-}9)$$

中性点电流 I_O 为

$$I_O = \frac{3U_O}{Z_e} = \frac{3(Z_e - Z)}{Z_e(Z_e + 5Z)}U_{N\varphi} \qquad (3\text{-}10)$$

（3）计算公式。保护规程 DL/T 584—2007 中给出了中性点不平衡电流的计算公式，如表 3-3 所示。

表 3-3   中性点不平衡电流的计算公式

序号	熔丝保护方式	计算公式	符号含义
1	熔断器	$I_O = \dfrac{1.5KI_{N\varphi}}{3MN - K(6N - 5)}$ $K = \dfrac{3MN(K_V - 1)}{K_V(6N - 5)}$	K_V——完好单元或元件允许过电压倍数，$K_V=1.1$（熔断器），K_V 为 1.15～1.3（内熔丝）； M——一相中并联单元数； N——一相中串联单元数，单元先并后串；
2	内熔丝	$I_O = \dfrac{1.5kI_{N\varphi}}{3MNmn - k(3MNn - 3MN + 6N - 5)}$ $k = \dfrac{3MNmn(K_V - 1)}{K_V(3MNn - 3MN + 6N - 5)}$	m——单元中并联元件数； n——单元中并联元件数，元件先并后串； K——一段中切除单元数； k——一段中切除元件数； I_O——不平衡电流； $I_{N\varphi}$——电容器组每相额定电流； β——单台电容器内部元件击穿段数的百分数
3	无熔丝	$I_O = \dfrac{1.5\beta I_{N\varphi}}{3MN - \beta(3MN - 6N + 5)}$	

第四节 电容器组系统异常的保护

一、电容器的故障和不正常运行及保护配置

1. 电容器的故障和不正常运行状态

电容器引线、电缆或电容器本体上发生的相间短路、单相接地等。电容器可能因运行电压过高受损或电容器失压后再次充电受损。部分电容器熔断器熔断退出运行造成三相电压不平衡引起其他电容器单体运行电压过高导致损坏。

2. 保护配置

（1）相间过电流保护。

（2）电压保护：过电压保护和欠电压保护。

3. 异常告警配置

（1）零序过电流保护。

（2）TV 短线告警或闭锁保护。

微机保护装置提供各种保护软件模块，可根据电容器一次设备接线进行配置。根据《并联电容器装置设计规范》（GB 50227—2017）中提到适用于 35kV 及以下电压等级的电容器保护配置，如表 3-4 所示。

表 3-4　　　　　　适用于 35kV 及以下电压等级的电容器保护配置

保护类型	段数	每段时限数	备注
电流速断保护	1	1	
相间过电流保护	2 或 3	1	
过电压保护	1	1	
欠电压保护	1	1	
不平衡保护	1	1	根据一次接线采用电流或电压保护
零序过电流保护	1	1	
TV 断线告警或闭锁保护	1	1	

二、电容器保护工作原理

1. 速断保护

电容器保护的电流速断保护是电容器相间短路故障保护，但其整定方式与常规电流速断保护不同，其速断保护动作电流值是按照系统最小运行方式下，在电容器组端部引线发生两相短路时，保护的灵敏系数符合继电保护要求进行

整定，其动作时限应大于电容器组的合闸涌流时间。

电容器电流速断保护不作用于瞬时跳闸，在 0.1～0.2s 时延后动作是因为电容器组的合闸涌流较大，保护动作须躲过合闸涌流。当按照 $5I_{N\varphi}$ 来整定速断保护时，采用 0.1s 的时延已基本可以避开合闸涌流对延时电流速断保护的影响。

2. 过电流保护

设置过电流保护作为电容器内部故障保护的后备保护是电容器装置继电保护装置的特殊性。当电容器发生贯穿性短路故障时，主保护不平衡保护会动作跳闸，当主保护不能正确动作时，后备保护保证故障可靠切除。

过电流保护定值应按照电容器组的长期允许最大过电流整定。其电流定值应按照（1.5～2）$I_{N\varphi}$ 整定，动作时延按照 0.3～1s 整定。

过电流保护需要特别注意的有：

（1）电容器过电流保护应为三相保护以保证一相故障时非故障相不会误动。

（2）当一组电容器分为 3 个单星形接线时，一个星形出现一相极间击穿时，整组故障相电流仅增大 5/3 倍，所以必须每个星形均装设电流互感器用作过电流保护。

过电流 I 段保护逻辑框图如图 3-8 所示。

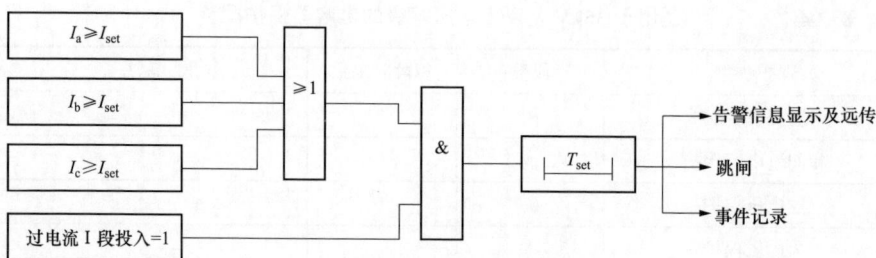

图 3-8 过电流 I 段保护逻辑框图

3. 过电压保护

为避免电容器在工频过电压下运行发生绝缘损坏，电容器需配置过电压保护。电容器有一定承受过电压的能力，在我国现行标准中有具体规定：电容器在 1.1 倍额定电压下允许长期运行（每 24h 中 8h）；在 1.15 倍额定电压下允许运行 30min；在 1.2 倍额定电压下允许运行 5min；在 1.3 倍额定电压下允许运行 1min。为确保安全起见，实际整定值通常较为保守，例如：在 1.1 倍额定电压时动作于信号，在 1.2 倍额定电压时经过 5～10s 时延动作于跳闸。过电压保护常见动作逻辑框图如图 3-9 所示。

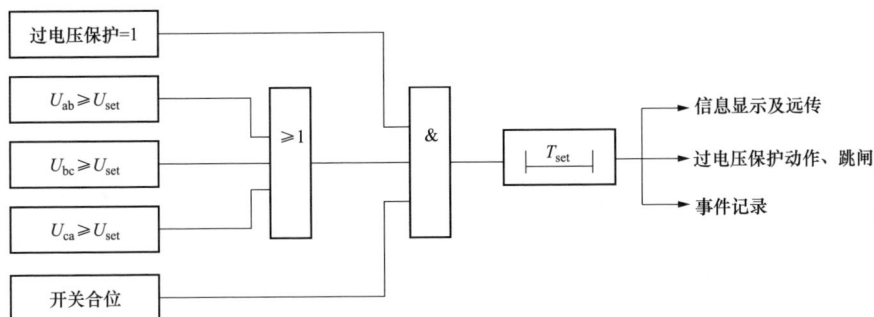

图 3-9 过电压保护常见动作逻辑框图

过电压保护需特别注意的是：

（1）宜选用有较高返回系数的过电压继电器。

（2）同一母线设有多组电容器时，每组动作时限也应设有时间差，避免多组电容器同时合、分。

4. 低电压保护

电容器在运行中一旦失压，会发生以下问题：

（1）电容器组停电后立即恢复送电，将造成电容器带电荷合闸，只是电容器过电压而损坏。

（2）变电站停电后恢复送电，可能造成变压器带电容器合闸，变压器于电容器的合闸涌流及过电压将使二者同时受到损害。

（3）停电后恢复送电，可能会造成因为没有负荷而产生的母线电压过高从而使电容器过电压。

综上，整定失压保护定值，既要保证电容器失压后可靠动作，又要防止在系统电压下降时误动作。其整定值通常在 50%～60% 电网标称电压，带短延时跳闸出口。在时限整定上需要注意：

（1）同级母线上的其他出线故障时，应优先切除故障，不宜先停电容器。

（2）当备自投装置动作时，备自投合上电源前应先将电容器组回路开关跳闸。

（3）电源线路停电再重合时，在重合闸前也先将电容器组回路开关跳闸。

常见低电压保护的逻辑框图如图 3-10 所示。

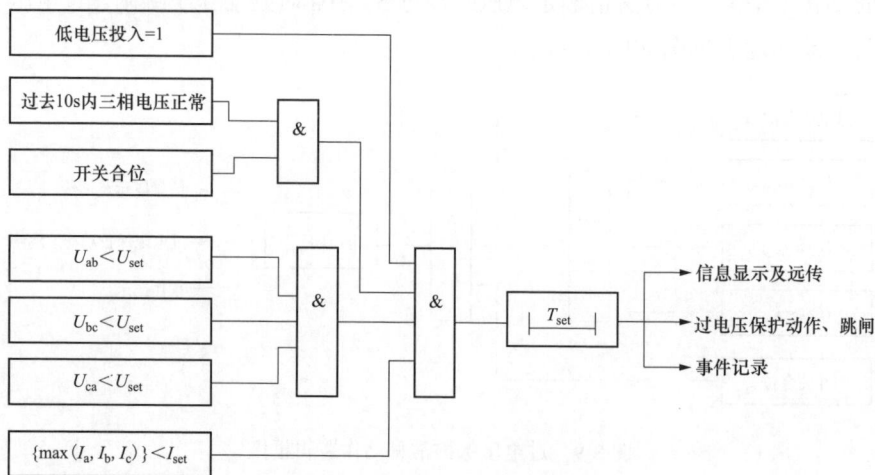

图 3-10　常见低电压保护的逻辑框图

5. 零序过电流保护

电容器保护设置一段零序过电流保护，主要反映电容器各部分发生的单相接地故障。当所在系统采用中性点直接接地或经小电阻接地时，零序过电流保护可直接动作于跳闸；当采用中性点不接地或经消弧线圈接地时，零序过电流保护动作于告警。

常见零序过电流告警保护逻辑框图如图 3-11 所示。

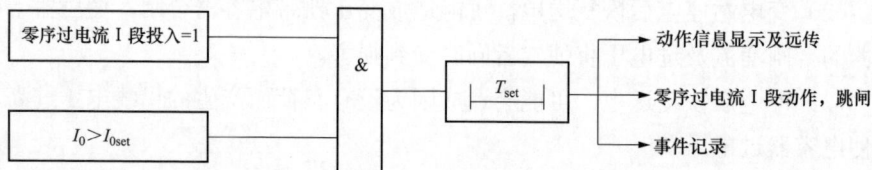

图 3-11　常见零序过电流告警保护逻辑框图

6. TV 断线检测

TV 断线时装置报发 TV 断线信号、点亮告警灯，并自动退出过电压和低电压保护。TV 断线的典型判据为：

（1）三线电压均小于有压定值，最大电流大于有流定值或者开关合位，判为母线 TV 断线。

（2）负序电压 U_2 大于负序电压定值，判为母线 TV 断线。

满足以上任何一个条件经延时后，判定为 TV 断线。

第五节 电容器组投切与控制回路

一、投切装置及性能

以并联电容器作为电力系统的无功功率补偿设备调压是一种常见的调压方式。变电站的并联电容器装置采用自动投切的方式，使输出的无功功率与系统负荷变化相匹配，从而达到平滑的无功调节。同时，并联电容器自动投切可以大大减轻变电站运维人员的操作劳动量。根据并联电容器装置在电网中的作用、设备功能和运行经验，电容器自动投切装置主要有以下的控制方式。

（1）变电站的并联电容器装置，可采用按照电压、无功功率和时间等组合条件的自动投切方式。

（2）变电站的主变压器具有有载调压装置时，自动投切方式的电容器装置可与变压器分接头进行联合调节，但应对变压器分接头调节方式进行系统电压闭锁或与系统交换无功功率优化闭锁。

（3）对于不需要按综合条件投切的并联电容器装置，可分别采用电压、无功功率（电流）、功率因数或时间进行自动投切控制。

需要特别注意的是，电容器自动投切装置不得与保护动作逻辑相悖。当保护动作时，自动投切装置不应动作导致误合断路器，应具有保护跳闸闭锁功能，同时应具备能改变投切方式的选择开关。

当变电站中有两种电抗率的电容器时，为了达到谐波抑制效果。电容器组投入后，呈现的综合谐波波阻抗应呈感性，否则会产生谐波放大。因而电抗率为 12%的电容器组应采取先投后切的方式，电抗率为 4.5%～5%的电容器组应采取后投先切的投切方式。

二、电容器组控制回路典型设计

电容器装置的断路器与其相应的隔离开关、接地开关之间应有电气闭锁。防止在电容器操作过程中出现误分合断路器；防止出现带负荷拉合隔离开关；防止带接地线（接地刀闸）拉合断路器（隔离开关）。以 10kV 电容器组成套开关柜为例，控制回路中应对电容器本体接地刀闸位置、断路器位置、电容器本体隔离刀位置、手车试验位置、手车工作位置、电动操作故障、后柜门关闭状态及其他联锁接点等进行位置监控。保护装置所发出常见公用信号为装置闭锁、事故总信号、装置报警、保护跳闸信号、控制回路断线。这些信号均应在变电站后台监控系统中有光字牌信号及由硬接点传送的报文。10kV 电容器组成套柜设备的二次控制回路如图 3-12 所示。

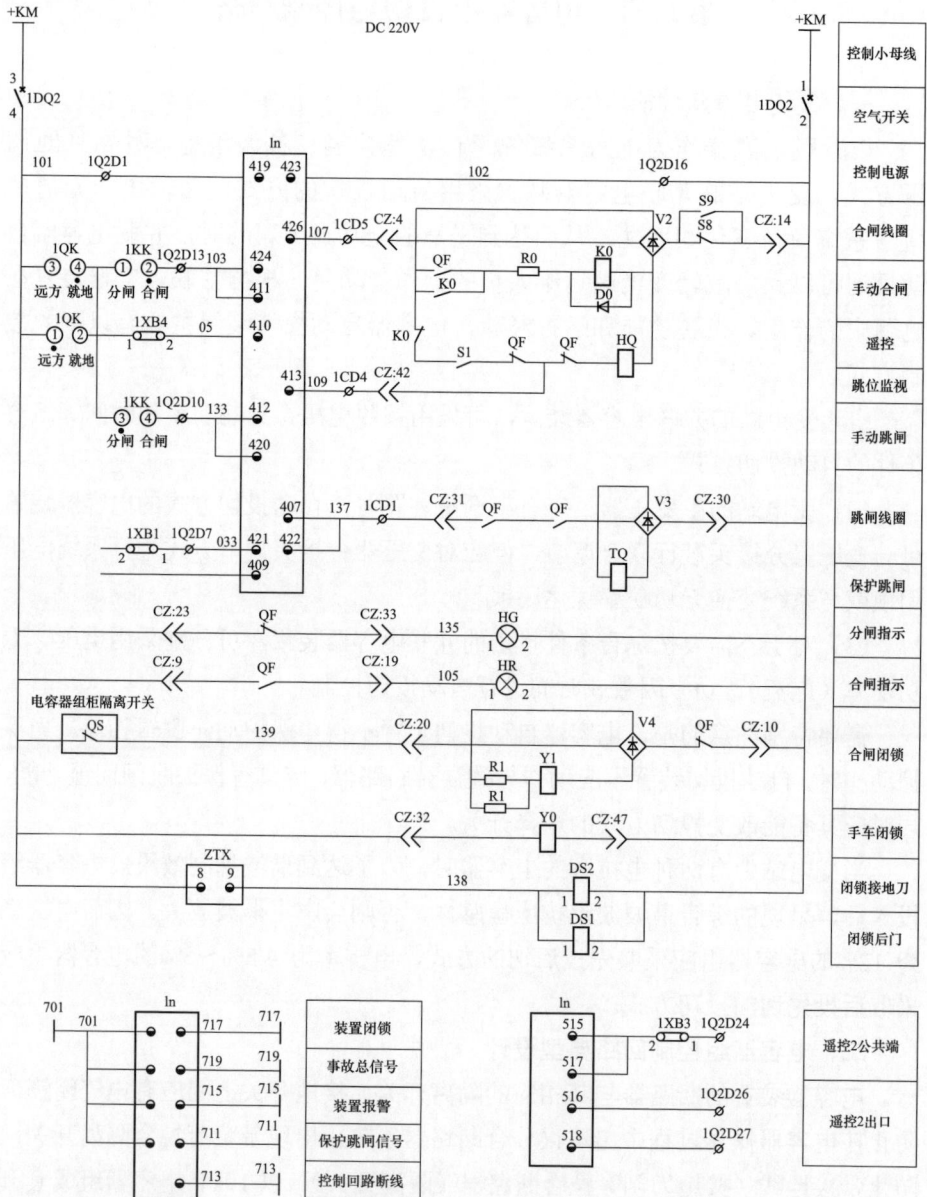

图 3-12　10kV 电容器组成套柜设备的二次控制回路

第四章　并联电容器装置故障典型案例

第一节　电容器群爆故障

[案例一　搭接处发热导致电容器群爆]

一、案例概况

（一）故障前运行方式

220kV 某变电站装设两台（1、2 号）220kV、150MVA 变压器，220kV 系统采用双母线运行方式，110kV 系统采用双母线带旁母方式运行，10kV 系统为单母线方式运行，共两段。两段 10kV 母线均带有电容器组、站用变压器、母线 TV、避雷器，其中 10kV Ⅰ 段母线带 1、2 号电容器，10kV Ⅱ 段母线带 3、4 号电容器，电容器参数见表 4-1。

表 4-1　　　　　　　　　　　电 容 器 参 数

型号	额定电压 （kV）	额定容量 （kvar）	接线方式	安装位置
BAM12/$\sqrt{3}$-500-1W	12/$\sqrt{3}$	500	Y	1 号电容器组
BAM12/$\sqrt{3}$-500-1W	12/$\sqrt{3}$	500	Y	2 号电容器组
BAM12/$\sqrt{3}$-500kVA-1W	12/$\sqrt{3}$	500	Y	3 号电容器组
BAM12/$\sqrt{3}$-500kVA-1W	12/$\sqrt{3}$	500	Y	4 号电容器组

故障发生前 220kV 系统、110kV 系统、3 台主变压器以及各 220、110kV 线路正常运行；Ⅰ、Ⅱ段段母线所带间隔均正常运行。每组电容器 3 相，每相 5 只并联，共 15 只星形接线运行，串联电抗器为干式，型号为 CKDK-10/150-6，所有电容器组均未发生过故障。10kV 电容器组保护具体配置为过电流 Ⅰ 段保护（定值 17.5A，0s），过电流 Ⅱ 段保护（定值 6A，0.5s），过电压保护（定值 110V，10s），低电压保护（定值 25V，0.5s），不平衡电压保护（定值 8V，9s），低电压电流闭锁（定值 1A）。

（二）故障经过

2015 年 5 月，运维人员用红外线成像仪对某 220kV 变电站设备进行了带电测试，发现 10kV 4 号电容器组 A 相第 5 只电容器外熔断器熔丝与铝排连接处发热 40℃，未处理。5 日 10 时，天气晴朗，10kV 某 4 板、4 号电容器组电流 I 段动作、不平衡电压动作跳闸。

二、检查情况

（一）一次设备检查

事故发生后，对一次设备进行现场勘查。现场发现：4 号电容器组 A3、B5、C3 套管爆炸，本体渗油、鼓肚，A4、A5、B1、B2、B5、C1、C2、C4、C5 电容器外熔断器脱落，随即将该电容器组解除备用，做安全措施，现场群爆情况如图 4-1、图 4-2 所示。

图 4-1　电容器组熔断器群爆侧图

图 4-2　电容器组熔断器群爆正视图

（二）保护装置及信息检查

经检查，4 号电容器组 I 段保护动作、不平衡电压动作跳闸，切除故障设备。

（三）故障后试验情况

故障发生后，对整组电容器进行更换。更换完成后，对电容器初始电容量测量，测量结果见表 4-2。

表 4-2　　　　　　　　　电容器参数测量结果

电容器编号	铭牌电容量 （pF）	实测电容量 （pF）	偏差量
A1	500	509.32	2%

电容器编号	铭牌电容量 （pF）	实测电容量 （pF）	偏差量
A2	500	503.24	1%
A3	500	510.12	2%
A4	500	496.89	−1%
A5	500	492.56	−1%
B1	500	490.13	−2%
B2	500	504.25	1%
B3	500	509.17	2%
B4	500	510.34	2%
B5	500	503.24	1%
C1	500	489.89	−2%
C2	500	494.55	−1%
C3	500	518.63	4%
C4	500	503.48	1%
C5	500	505.46	1%

根据测试结果判断，电容器合格，满足现场要求，可以投入使用。

三、原因分析

（1）220kV 变电站旁边 2km 处有一热电厂，环境污染较大，由于变电站在室外露天环境下，各连接点易遭受风吹日晒等自然条件影响，接头位置极易氧化腐蚀，造成接触电阻增大，接头发热，造成设备烧坏。

（2）现阶段设备连接端子基本为螺栓紧固式，如图 4-3 所示，螺栓震动后螺帽易松动，造成压紧力不足，导致接触电阻增大。因铝质母线排弹性系数小、强度低，镀锌螺栓压力过大时，易造成铝排变形，减小接触面积。

（3）A5 电容器 M8 紧固螺栓与铝排连接处长时间发热，外熔断器熔丝熔断脱落，还因弹簧支架板老化，不能完全拖住熔丝，熔丝头下垂落到 A5 电容器另一端短路放电，巨大的短路电流造成星形接点铝排与软连接处烧断，由于其余部分熔断器熄弧不善，使剩余电容器放电产生过电压，导致 4 号电容器组熔断器群爆发生，整组电容器报废。

四、经验及建议

（1）加强并联电容器红外线测温工作，对于存在的缺陷及时上报处理，确保质量。

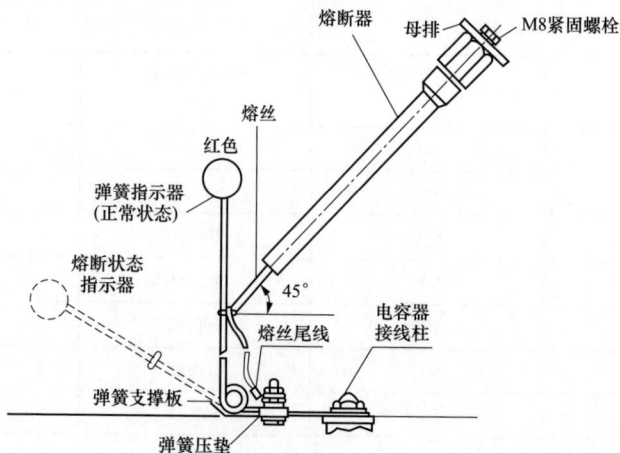

图 4-3　熔丝安装结构

（2）将电容器、电抗器连接铝排改为铜排，M8 螺栓改为双孔螺栓，使用高强度不锈钢螺栓。

（3）对于运行 5 年以上电容器，应定期全部更换外熔丝和支架，发现熔断器和支架老化现象也应全部及时更换。

（4）建议更换使用内熔丝电容器，取代外熔丝电容器，以降低发热故障，减小维护量。

（5）加强防污措施，如及时停电清扫设备，搭建遮阳、防雨棚，将电容器、电抗器改为室内运行等。

[案例二　外熔丝弹簧疲劳造成单相群爆]

一、案例概况

（一）故障前运行方式

某 220kV 变电站位于某市远郊，现站内装设两台（1、3 号）220kV、180MVA 变压器，220kV 和 110kV 系统均为双母线方式运行，10kV 系统为单母线二分段方式运行，分别为 10kVⅠ、Ⅱ段母线。10kVⅠ、Ⅱ段母线分别一路站用变压器及消弧线圈和 2 组电容器，其中 10kVⅠ段母线带 1、2 号电容器，10kVⅡ段母线带 3、4 号电容器。

故障发生前 220kV 系统、110kV 系统、2 台主变压器以及各 220、110kV 线路正常运行；10kVⅠ段母线经 101 开关由 1 号主变压器供电，10kVⅡ段母线经 103 开关由 3 号主变压器供电；10kVⅠ、Ⅱ段母线所带间隔均正常运行。所有电容器组均未发生过故障。

电容器参数见表 4-3。

表 4-3　　　　　　　　　　　　电 容 器 参 数

型号	额定电压 （kV）	额定容量 （kvar）	生产厂家	安装位置
CEP05058A1	$11/\sqrt{3}$	5000	××公司	1、2、3、4 号

（二）故障经过

2014 年 8 月 23 日 09 时 07 分 29 秒，4 号电容器 B 相过电流保护动作跳开。

二、检查情况

（一）一次设备检查

4 号电容器 B 相防爆管均熔断跳开，即发生单相群爆。故障设备情况如图 4-4 所示。故障电容器单元与防爆管连接螺栓松弛，且该电容器单元防爆管弹簧疲劳变形明显。故障相电容器生产日期为 2008 年 7 月，投运日期为 2008 年 11 月。

（a）　　　　　　　　　　　　　　　　　　　（b）

图 4-4　故障设备情况

（a）4 号电容器 B 相发生群爆；（b）4 号电容器 A 相漏油

（二）保护装置及信息检查

2014 年 8 月 23 日 09 时 07 分 29 秒，4 号电容器 B 相过电流保护动作跳开。随后重合闸，过电流 I 段保护动作，开关再次跳开。

（三）故障后试验情况

24 日，对 4 号电容器进行试验，所有电容器单元试验结果无异常，可以排除电容器单元本体故障。

三、原因分析

外熔丝群爆的主要原因一般有熔断器熔丝熔断后，尾线不能与保护管脱离；熔断器的额定电流选择过小；熔断器开断性能不良；系统中有谐波。此次故障中，另外两相外熔丝未发生群爆，且 B 相故障电容器单元防爆管弹簧疲劳变形明显，可以推断出故障原因为弹簧疲劳导致熔断器熔丝熔断后，尾线不能与保护管脱离。

由于故障电容器单元触头固定螺栓松动，导致连接处长时间发热，外熔断器熔丝熔断脱落。但由于弹簧疲劳，熔丝未完全甩出，产生间歇性电弧放电。使 B 相剩余电容器反复充放电造成过电压，导致 4 号电容器 B 相发生群爆故障。

因此《国家电网有限公司十八项电网重大反事故措施（2018 修订版）》第 10.2.3.4 条中要求：对安装 5 年以上的外熔断器应及时更换。

四、经验及建议

（1）加强并联电容器红外线测温工作，如发现软连线、套管接头温升大于 30K 时，应及时停电检查、检修，避免危害电网安全。

（2）对于运行 5 年以上电容器，应定期全部更换外熔丝和支架，发现熔断器和支架老化现象也应全部及时更换。

（3）建议更换使用内熔丝电容器，取代外熔丝电容器，以降低发热故障，减小维护量。

第二节　载流回路发热故障

[案例一　螺栓未紧固造成的发热]

一、案例概况

（一）故障前运行方式

某 220kV 变电站位于某市市区，现站内装设 6 台（1、2、3、4、5、6 号）220kV 变压器，220kV 和 110kV 系统均为双母线方式运行，10kV 系统为单母线四分段方式运行，分别为 10kV Ⅰ、Ⅱ、Ⅲ、Ⅳ段母线。10kV Ⅰ、Ⅱ、Ⅳ段母线分别各带多条馈线和 3 组电容器，其中 10kV Ⅰ段母线带 1、2、3 号电容器，10kV Ⅱ段母线带 4、5、6 号电容器，10kV Ⅳ段母线带 7、8、9 号电容器。

故障发生前 220kV 系统、110kV 系统、6 台主变压器以及各 220、110kV 线路正常运行；10kV Ⅰ段母线经 104 开关由 4 号主变压器供电，10kV Ⅱ、Ⅲ段母线两段直连，共同经 105 开关由 5 号主变压器供电，10kV Ⅳ段母线经 106 开关由 6 号主变压器供电；10kV Ⅰ、Ⅱ、Ⅲ、Ⅳ段母线所带间隔均正常运行。所有电容器组均未发生过故障。

7、8 号和 9 号 3 组 10kV 并联电容器装置，产品型号为 TBB10-6012/334-AC（5%），电容器单元型号为 BAM311/2$\sqrt{3}$-334-1W，电抗器型号为 CKSC-300/10-5，电容器组额定电流为 315.5A，于 2012 年 12 月投入运行，同接入Ⅳ段母线。电容器参数见表 4-4。

表 4-4   电 容 器 参 数

型号	额定电压（kV）	额定容量（kvar）	生产厂家	安装位置
BAM311/2$\sqrt{3}$-334-1W	11/2$\sqrt{3}$	334	××公司	1、2、3、4、5、6、7、8、9 号电容器

（二）故障经过

2017 年 12 月 25 日 9 时 10 分 23 秒，7 号电容器组 A 相过电流保护动作，7 号电容器组断路器跳开。

二、检查情况

（一）一次设备检查

7 号电容器装置 A 相有 1 台电容器单元损坏，如图 4-5 所示，瓷套碎裂，电容器瓷套和盖面发黑，电容器导杆、线夹、软连线发生熔焊粘连，软连线发黑、断裂，套管顶部金属包覆件脆裂成渣，经仔细检查电容器器身未见鼓肚、破裂，套管底部无渗漏油。损坏单元出厂日期为 2012 年 4 月。

另有 1 台与损坏电容器单元并联的同一串联段的电容器单元，导杆发黑，与母排接触的软连接部位，镀锡铜接线鼻与铜铝过渡片发生熔焊粘连，如图 4-6 所示。

图 4-5 电容器单元瓷套碎裂

图 4-6 镀锡铜接线鼻与铜铝过渡片熔焊粘连

（二）保护装置及信息检查

2017 年 12 月 25 日 9 时 10 分 23 秒，7 号电容器组 A 相过电流保护动作，

7号电容器组断路器跳开。随后重合闸，过电流Ⅰ段保护动作，开关再次跳开。

（三）故障后试验情况

26日10时，对同处于Ⅳ段母线的7、8、9号电容器进行例试，单支电容器试验结果均合格。

三、原因分析

勘察事故现场时发现，7号电容器套管紧固不到位，用扳手轻微施力便可拧动导杆紧固螺母，7号电容器装置事故相未紧固线夹和螺母。如图4-7圆圈内所示，当套管上的线夹和螺母紧固后，导杆螺纹部分应当露出2～3扣，事故相电容器套管导杆的紧固螺母与导杆顶端平齐，可知未紧固，如图4-7方框内所示。

当线夹和螺母紧固不到位时，会引起接触导流面积减小，使得接触电阻增大，运行时会引起接触部位发热，继而引发导线发热，使其氧化发黑、脆裂。事故产品导线持续发热，温度升高，进而使得线夹和导线融化，发生熔焊。高温熔融状态的金属液体（铜、锡等）沿着套管滴流，使得套管受热碎裂，电容器漆皮皱裂起泡，在金属液体滴流过程中，会发生氧化，产生氧化铜和氧化锡，使得滴液痕迹呈现黑色、深棕色和棕黄色。金属液体构成接地短路通道，从而造成短路保护动作。

图4-7　螺栓紧固情况对比

由此可见，此次电容器损坏及接地保护动作的原因为电容器套管线夹和螺母紧固不到位。

四、经验及建议

（1）每月定期用红外测温仪测量电容器运行温度，如发现软连线、套管接头温升大于30K时，应停电维护检修。

（2）定期对电容器套管线夹和螺母进行紧固，建议采用力矩扳手紧固，拧紧力矩符合产品相关要求，建议在电容器铭牌处标注。

（3）建议更换电容器组用软连线，采用线径更粗的黑色丁腈护套镀锡铜绞线。

[案例二 软铜线氧化造成的发热]

一、案例概况

（一）故障前运行方式

某 220kV 变电站位于某市市区，现站内装设两台（1、2 号）220kV 变压器，220kV 和 110kV 系统均为双母线方式运行，10kV 系统为单母线二分段方式运行，分别为 10kV I、II 段母线。10kV I、II 段母线分别各带 1 路站用变压器和 3 组电容器，其中 10kV I 段母线带 1、2、3 号电容器，10kV II 段母线带 4、5、6 号电容器。

故障发生前 220kV 系统、110kV 系统、2 台主变压器以及各 220、110kV 线路正常运行；10kV I 段母线经 101 开关由 1 号主变压器供电，10kV II 段母线经 102 开关由 2 号主变压器供电。所有电容器组均为 2002 年 6 月产品，之前未发生过故障。电容器参数见表 4-5。

表 4-5   电 容 器 参 数

型号	额定电压（kV）	额定容量（kvar）	生产厂家	安装位置
TBB10-6012-ACN	$11/\sqrt{3}$	5000	××公司	1、2、3、4、5、6 号

（二）故障经过

2010 年 6 月 9 日 13 时 17 分 46 秒，5 号电容器 B 相发生短路，导致保护动作跳开。

二、检查情况

（一）一次设备检查

查找事故点发现，5 号电容器 B 相某单元软铜线汇流母线处，双股软铜线烧断，烧断时的高温导致绝缘护套被烧焦，并将单元套管熏黑，如图 4-8 所示。

打开 5 号电容器组其他电容器单元绝缘护套，发现多个电容器出现套管连接处软铜线汇流母线存在严重氧化问题，如图 4-9 所示。

（二）保护装置及信息检查

2010 年 6 月 9 日 13 时 17 分 46 秒，5 号电容器 B 相发生短路，导致保护动作跳开。随后重合闸，过电流 I 段保护动作，开关再次跳开。

（三）故障后试验情况

10 日，对 5 号电容器组进行例试，电容器单元试验结果未发现异常。单相整组测量时发现 A、B、C 三相电容量偏差较大。更换软铜线汇流母线后，单相整组电容量恢复正常，可以判断为连接处氧化层造成接触电阻增大引起发热，最终导致故障发生。

图 4-8　软铜线汇流母线烧断　　　图 4-9　软铜线汇流母线严重氧化腐蚀

三、原因分析

由于运行年限较久，加之线夹固定处的绝缘护套容易积水，导致电容器线夹、线缆、汇流排等金属连接部分被氧化腐蚀产生铜锈氧化层，使接触电阻增大，从而引起连接处发热，造成加剧氧化腐蚀的恶性循环。

铜锈，又称铜绿，是铜与空气中的氧气、二氧化碳和水等物质反应产生的物质，颜色翠绿而得名。铜锈氧化层的接触电阻要比铜导体大的多，但由于氧化过程比较缓慢，由此引起的发热问题并不是瞬间故障，而是一个日积月累的过程。所以可以通过定期的温度检测发现该缺陷，并能通过简单的检修避免发生严重性故障。

四、经验及建议

（1）户外使用的线夹绝缘护套在最低处应留有漏水孔，防止雨水蓄积造成线夹、线缆等金属氧化，进而使接触电阻增大引起运行中发热的问题。

（2）结合例行试验，对已经安装的室外电容器组进行排查。对存在类似受潮缺陷的电容器组，采取更换线夹、线缆或更换绝缘护套等检修方案。

（3）对运行中的电容器组，应加强专业巡视。对存在发热、氧化锈蚀等问题的电容器组，应及时停电检修，避免危害电网安全。

[案例三　线夹质量造成的发热]

一、案例概况

（一）故障前运行方式

某 220kV 变电站位于某市市区，现站内装设两台（1、2 号）220kV 变压器，

220kV 和 110kV 系统均为双母线方式运行，10kV 系统为单母线二分段方式运行，分别为 10kV Ⅰ、Ⅱ 段母线。10kV Ⅰ、Ⅱ 段母线分别各带 1 路站用变压器和 3 组电容器，其中 10kV Ⅰ 段母线带 1、2、3 号电容器，10kV Ⅱ 段母线带 4、5、6 号电容器。

故障发生前 220kV 系统、110kV 系统、2 台主变压器以及各 220、110kV 线路正常运行；10kV Ⅰ 段母线经 101 开关由 1 号主变压器供电，10kV Ⅱ 段母线经 102 开关由 2 号主变压器供电。所有电容器组均为 2002 年 6 月产品，之前未发生过故障。电容器参数见如表 4-6。

表 4-6   电 容 器 参 数

型号	额定电压 （kV）	额定容量 （kvar）	生产厂家	安装位置
BAM 11/$\sqrt{3}$-450-1W	11/$\sqrt{3}$	4500	××公司	1、2、3、4、5、6 号

（二）故障经过

2012 年 7 月 16 日 15 时 11 分 32 秒，6 号电容器 B 相过电流保护动作跳开。

二、检查情况

（一）一次设备检查

6 号电容器组 B 相多支电容器单元触头连接部分软铜线汇流母线烧断，如图 4-10 所示。故障电容器单元触头连接部分，绝缘护套烧伤痕迹明显。

现场故障电容器单元下方，发现严重氧化锈蚀的线夹碎片一支，如图 4-11 所示，无烧伤痕迹。

图 4-10   软铜线汇流母线烧断   图 4-11   故障电容器单元线夹碎片

（二）保护装置及信息检查

2012 年 7 月 16 日 15 时 11 分 32 秒，6 号电容器 B 相过电流保护动作跳开。随后重合闸，过电流Ⅰ段保护动作，开关再次跳开。

（三）故障后试验情况

17 日，对 6 号电容器进行例行试验，电容器单元试验结果未发现异常。

三、原因分析

由掉落现场的固定线夹无烧伤痕迹可知，此线夹应为故障前掉落，从而造成软铜线汇流母线连接处出现虚连接，并引发此次发热熔断故障。推测该线夹掉落原因为线夹质量问题或未正确安装问题。后经排查发现，6 号电容器单元其他线夹均紧固完好，所以可以排除安装问题。

后经化验结果分析，该线夹并非为纯铜材质，含有较高成分的杂质金属，存在固有质量问题，且 6 号电容器组同期产品均有此问题。经过长时间运行后，受氧化锈蚀以及振动影响，该线夹缺陷逐渐暴露，发生锈蚀掉落。

四、经验及建议

（1）加强对电容器各配件采购、到货验收、安装验收等环节的管控力度，从源头避免存在类似缺陷的设备部件并网运行。

（2）结合例行试验，对已经安装的室外电容器组进行排查。对存在类似残次线夹缺陷的电容器组，及时更换线夹。

（3）对运行中的电容器组，应加强专业巡视。对存在线夹、线缆、汇流母线连接部分发热等问题的电容器组，应及时停电检修，避免发生危害电网安全的故障。

[案例四　铜铝搭接造成的发热]

一、案例概况

（一）故障前运行方式

某 220kV 变电站位于某市远郊，现站内装设两台（1、2 号）220kV、180MVA 变压器，220kV 和 110kV 系统均为双母线方式运行，10kV 系统为单母线二分段方式运行，分别为 10kV Ⅰ、Ⅱ段母线。10kV Ⅰ、Ⅱ段母线分别各带多条馈线和 2 组电容器，其中 10kV Ⅰ段母线带 1、2 号电容器，10kV Ⅱ段母线带 3、4 号电容器。

故障发生前 220kV 系统、110kV 系统、2 台主变压器以及各 220、110kV 线路正常运行；10kV Ⅰ段母线经 101 开关由 1 号主变压器供电，10kV Ⅱ段母线经 102 开关由 2 号主变压器供电；10kV Ⅰ、Ⅱ段母线所带间隔均正常运行；2、3 号电容器处于并网运行状态，1、4 号电容器处于备投状态。

所有电容器组均未发生过故障。电容器参数见表 4-7。

表 4-7　　　　　　　　　电 容 器 参 数

型号	额定电压（kV）	额定容量（kvar）	生产厂家	安装位置
TBB10-6012-ACN	$11/\sqrt{3}$	5000	××公司	1、2、3、4、5、6、7、8、9 号电容器

（二）故障经过

2010 年 6 月 15 日 13 时 17 分 46 秒，2 号电容器不平衡电流保护动作跳开。

二、检查情况

（一）一次设备检查

在 2 号电容器中性点软铜线汇流母线与铝排连接处，双股软铜线烧断，中性点软铜线与铝排连接处铜铝压接块已熔成铜片，如图 4-12 所示。

图 4-12　与铝排连接处软铜线熔断

（二）保护装置及信息检查

2010 年 6 月 15 日 13 时 17 分 46 秒，2 号电容器不平衡电流保护动作跳开。随后重合闸，不平衡电流保护动作，开关再次跳开。

（三）故障后试验情况

17 日，对 2 号电容器进行试验，电容器单元试验结果未发现异常，因此可以排除电容器单元损坏引起此次故障。

三、原因分析

由于铜和铝的电子活性不同，铜芯和铝芯接在一起并放置在空气中或潮湿环境内，会产生化学电池效应，发生电解，在铜铝金属的表面形成硬脆且电阻极大的金属化合物。在电流较大时，可能产生电火花和接头发热。

根据平均统计结果，接头及引线发热缺陷占并联电容器装置缺陷总数的 50%以上，较铝汇流排，采用全铜汇流排总成本仅增加 3%~5%，但可大幅降低连接部位发热概率，避免铜铝过渡措施设计、安装不当造成的发热问题。因此《国家电网有限公司十八项电网重大反事故措施（2018 修订版）》第 10.2.1.6 条中增加相关要求：新安装电容器的汇流母线应采用铜排。

四、经验及建议

（1）对于新投电容器组，应严格按照标准规范进行验收，禁止采用铜铝搭接设计，防止隐患设备并网运行。

（2）铜铝搭接造成的发热过程缓慢，能够通过带电测温技术发现。因此，对运行中的电容器组，应加强专业巡视。如发现软连线、套管接头温升大于 30K 时，应及时停电检修，避免危害电网安全。

（3）利用停电检修机会，有计划地逐步整改现有电容器组中铜铝搭接，采用铜排汇流母线代替铝排汇流母线。

第三节　系统谐波引发故障

[案例一　系统谐波导致频繁跳闸]

一、案例概况

（一）故障前运行方式

220kV 某变电站装设两台 220kV、240MVA 变压器，220kV 系统采用双母线运行方式，110kV 系统采用双母线运行方式，10kV 系统为单母线方式运行，共两段。两段 10kV 母线均带有电容器组、站用变压器、母线 TV、PB，其中 10kV Ⅰ 段母线带 1、2、3 号电容器，10kV Ⅱ 段母线带 4、5、6 号电容器。

该站共装设 6 组 10kV 并联电容器补偿装置，产品型号为 TBB10-8016/334-AC，电抗率 5%，单组电容器装置配置如表 4-8 所示，额定相电压 $12/\sqrt{3}$ kV，额定相电流 385.7A，额定容量 8016kvar，额定相电容 177.2μF，每组电容器单元串并联数为 2 串 4 并，单星形接线，电抗器后置，中性点不接地，采取内熔丝+相电压差动保护方式。每组电容器中的单只电容器型号为 BAM12/$2\sqrt{3}$ -334-1W，额定电压 12/$2\sqrt{3}$ kV，额定容量 334kvar，额定电容 88.6μF，内部元件为 2 串联 19 并联，立放安装。

表 4-8　　　　　　　　　　　单组电容器装置配置表

序号	设备名称	设备型号	数量	备注
1	并联电容器	BAM12/$2\sqrt{3}$ -334-1W	24 台	带内熔丝

序号	设备名称	设备型号	数量	备注
2	串联电抗器	CKSC-400/10-5	1 台	干式铁芯
3	氧化锌避雷器	HY5WR-17/45（600A）	3 支	
4	放电线圈	FDGEC（$12/2\sqrt{3}+12/2\sqrt{3}$）-3.4-1W	3 台	干式
5	隔离接地开关	GN24-12D/1250A-4	1 组	
6	附件	柜体、母排、软连线、绝缘子等	1 套	

（二）故障经过

1～6 号电容器于 2016 年 6 月 30 日加入运行，自 2017 年 12 月 18 至 2018 年 1 月 18 日，4、5、6 号电容器在投运后不久一个月时间内频繁发生不平衡电压动作跳闸事件。

2017 年 12 月 16 日，4、5 号电容器装置相电压差动保护动作。事后经停电检查，4 号电容器装置 B 相、5 号电容器 A 相损坏各 2 台电容器单元，电容值偏差超出允许范围，不能满足运行要求。6 号电容器于 2018 年 1 月 2 日、1 月 8 日发生不平衡电压动作各一次。

二、检查情况

（一）一次设备检查

事故发生后，对 4 台电容器进行现场检查。

现场发现损坏的 4 台电容器单元外观良好，套管无损坏、无渗漏油，器身未见鼓肚、破裂。其中 4 台损坏单元（编号分别为 231084、231096、231152、231154 号）的实测电容值分别为 74、78.5、61.6、60.8μF（铭牌实测值分别为 89.08、89.31、88.8、88.62μF），出厂日期均为 2015 年 11 月。

（二）保护装置及信息检查

经检查，4、5、6 号电容器组保护动作正确，发生缺陷后均通过不平衡电压动作跳闸，切除了故障设备。

（三）返厂解剖试验情况

故障发生后，对损坏的 4 台电容器单元进行返厂解剖试验。解剖发现：

（1）四台产品中：①损坏元件串联的内熔丝均完全熔断，不存在熔丝勿动现象；②损坏元件共计 32 个，其中元件大面击穿总计 30 个，折边处击穿总计 2 个，主要集中于元件大面；③击穿点位于元件卷绕长度方向内侧的总计 28 个，位于元件表面内圈的总计 5 个。

（2）4 台产品盖面、箱壳内壁及外包封外侧均含有未知透明凝胶状物质。

（3）4 台产品套管尾线不同程度发黑。

（4）元件发黄现象较严重，主要集中于中间两段相连接处 20 个元件左右，元件端面及大面存在发黄现象。

设备解剖情况如图 4-13～图 4-16 所示。

图 4-13　电容器元件击穿位置

图 4-14　电容器盖面内侧

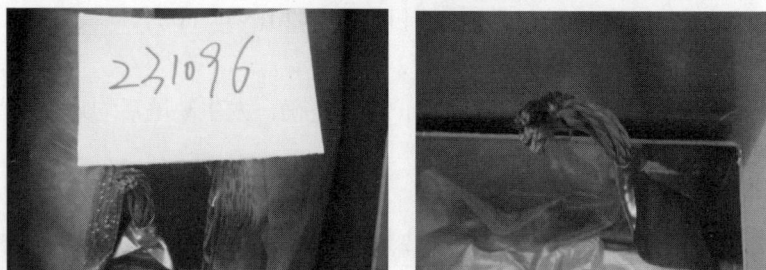

图 4-15　电容器套管尾线发黑

三、原因分析

（1）经查阅技术资料得知，在装置设计时，应产品订货合同和技术协议要求，该装置配备的是型号为 BAM12/2$\sqrt{3}$-334-1W 的电容器单元和 CKSC-400/10-5 的干式铁芯串联电抗器，其中电容器单元适用于额定电抗率为 12%的电容器装置，电抗器的额定电抗率为 5%，即二者的电抗率不匹配，导致装置中串联电抗器的实际电抗率为 4.2%（根据电容器容抗 $X_C=U^2/Q$ 可知，在电容器容量保持不变时，其容抗与电压的平方成正比）。根据串联电抗器和电容器的串联谐振计算公式 $n=\sqrt{(1/K)}$ 可知该参数匹配的情况下会导致 5 次及以下的谐波放大。因此，若线路中存在 5 次及以下谐波，那么电容器在运行过程中将会承受谐波的侵扰出现过载，引起超出正常运行工况的发热、噪声和过负荷，这将会导致电容器损坏，大大缩短电容器的寿命。

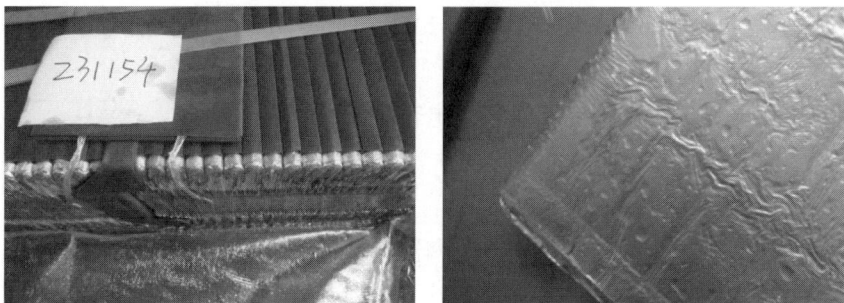

图 4-16　元件发黄

（2）造成 4、5、6 号电容器组继电保护多次动作的主因是：电抗器电抗率匹配不一致，承受放大后的谐波侵扰造成电容器过载发热，加之室温超过电容器单元的使用环境温度，导致电容器单元的芯体温度超过 80℃，使得电容器介质聚丙烯薄膜达到使用极限温度，进而造成聚丙烯薄膜收缩、褶皱，甚至发黄、分解和碳化，使得电容器单元极间绝缘强度逐步降低，最终导致在额定电压下运行时发生元件击穿的故障。

四、经验及建议

（1）新装电容器组时，应对系统背景谐波进行测试，决定电容器串抗的选择，避免因谐波影响电容器正常运行。

（2）在电容器室内设置空调或开设通风窗，确保电容器室散热通风良好，保证室内环境空气温度不超过 45℃，建议三楼电容器室（4、5、6 号安装地点）增加空调，二楼电容器室（1、2、3 号安装地点）加强通风散热。

（3）监控电容器室温度。在电容器室内设置温度计，及时检测电容器运行温度。

[案例二　系统谐波造成异响]

一、案例概况

（一）故障前运行方式

110kV 某变电站站内 110kV 系统采用双母线运行方式，10kV 系统为单母线方式运行，共两段。两段 10kV 母线均带有 2 台电容器组，其中 10kV Ⅰ 段母线带 1、2 号电容器，10kV Ⅱ 段母线带 3、4 号电容器。

该站共装设 4 组 10kV 并联电容器补偿装置，额定容量 4800kvar，电抗率 1%，额定相电压 $10.5/\sqrt{3}$ kV，额定相电流 264A，额定容抗 23Ω，采取内熔丝+相电压差动保护方式。配套串联电抗器型号为 CK5C-48/10-1，额定端电压 60.62V，额定电流 264A，额定感抗 0.23Ω。

（二）故障经过

投运后，经运行人员巡视发现，电容器组产生明显异响。

二、检查情况

（一）一次设备检查

针对投运后异响问题，对 4 台电容器组进行现场检测。

经过检测，10kV 电容器组投运后电流波形发生畸变，呈现典型的谐波叠加后的特征，如图 4-17 所示。对电容器组分别进行谐波分量测试及噪声测试后发现，10kV 电容器组投运后检测到的 5、7、11、13 次谐波含量均严重超标，谐波分量测试，如图 4-18 所示；电抗器噪声达 80.6dB，如图 4-19 所示。

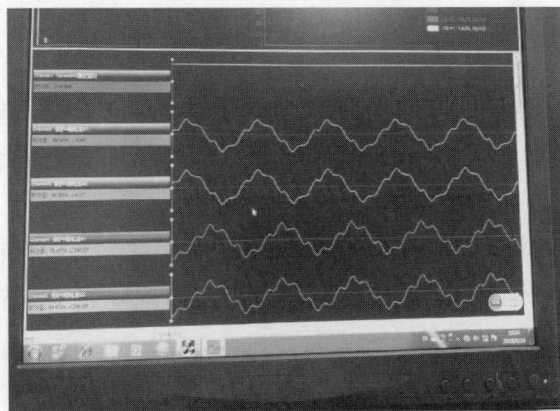

图 4-17　电容器组投运后的畸变电流波形

（二）保护装置及信息检查

经检查，电容器组保护未发生动作。

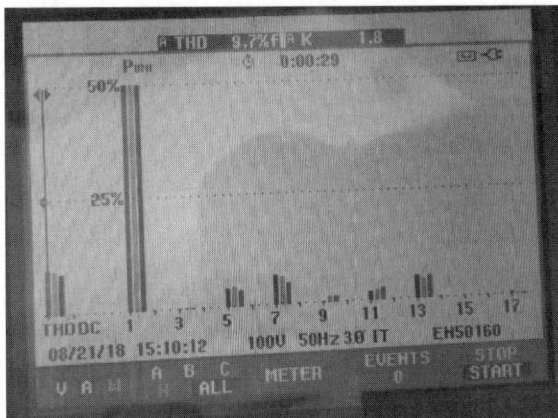

图 4-18 谐波分量测试

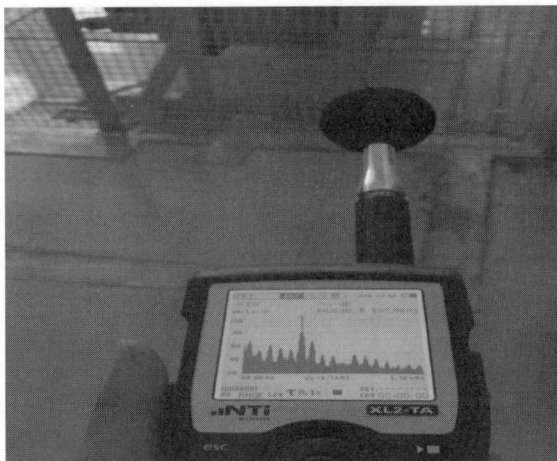

图 4-19 电抗器噪声测试

三、原因分析

并联电容器对谐波电压最为敏感，谐波电压加速电容器老化，缩短使用寿命。谐波电流将使电容器过负荷、出现不允许的温升，特别严重的是当电容器组与系统产生并联谐振时电流急速增加，开关跳闸、熔断器熔断、电容器无法运行。为避免并联谐振的发生，电容器组要串接串联电抗器。串联电抗器的电抗率 K 值选取，是要根据实测系统背景谐波次数选取的。系统中谐波很少，只是限制合闸涌流时通常选取 $K=1\%$ 即可满足要求。但是如果系统中存在奇次谐波时，$K=1\%$ 的电抗器将对 3 次谐波放大轻微，对 5 次谐波电流放大严重，同时电抗器发出类似高频啸叫似的噪声。

该变电站单组电容器组容量为 4.8Mvar，电抗率为 1%，依据《并联电容器装置设计规范》（GB 50227—2017），当电容器按各种容量组合运行时，应避开

谐振容量。发生谐振的电容器容量计算式为

$$Q_{cx} = S_d (1/N^2 - K) \qquad (4-1)$$

式中　Q_{cx}——发生 N 次谐振的电容器容量；

　　　S_d——并联电容器装置安装处的母线短路容量；

　　　N——谐波次数；

　　　K——电抗率。

该变电站并联电容器装置安装处的母线短路容量为 330.267MVA，经计算，发生谐振的电容器容量如表 4-9 所示。

表 4-9　　　　　　　　　　发生谐振的电容器容量

谐波次数	3 次	5 次	7 次
发生谐振的容量（Mvar）	33.394	9.908	3.437

该变电站投入 1 组电容器容量为 4.8Mvar，投入 2 组电容器容量为 9.6Mvar，理论计算均避开了谐振容量，但经现场观察，投入 1 组 4.8Mvar 的电容器即产生了异响。该电抗器出厂试验报告中显示，1.35 倍温升试验中绕组温升约 70K，铁芯温升约 60K，而现场检测发现铁芯温升远大于绕组温升，由于铁芯在高频下铁损远大于工频，因此本次电抗器噪声的出现原因判断为有大部分的高次谐波流入电抗器，由于高次谐波对铁芯的影响较敏感，从而造成铁芯发出噪声。

四、经验及建议

（1）新装电容器组时，应对系统背景谐波进行测试，决定电容器串抗的选择，避免因谐波影响电容器正常运行。

（2）加强设备选型阶段管理，依据设计规范认真开展并联电容器装置配置核验。

（3）监控电容器室噪声和温度。定期开展电容器室噪声和温度测试，及时发现缺陷隐患，防范并联电容器装置发生故障。

第四节　串联电抗器故障

[案例一　电抗器炸裂]

一、案例概况

（一）故障前运行方式

某 110kV 变电站 110kV 系统采用双母线方式运行。10kV 系统为双母线方式运行，其中Ⅰ母线分段。10kV母线均带有电容器组、母线 TV、PB，Ⅱ母线Ⅱ段和Ⅲ母线上接有站用变压器。Ⅱ母Ⅰ段带 3 号电容器、Ⅱ母Ⅱ段带 4 号电容器、Ⅲ母带 5、6 号电容器，电容器参数如表 4-10 所示。

表 4-10 电 容 器 参 数

型号	额定电压（kV）	额定容量（kvar）	接线方式	安装位置
TBB10-6012/334AK	$11/\sqrt{3}$	334	单星相电压差	3 号电容器组
TBB10-4008/334AK	$11/\sqrt{3}$	334	单星相电压差	4 号电容器组
TBB10-6012/334AK	$11/\sqrt{3}$	334	单星相电压差	5 号电容器组
TBB10-4008/334AK	$11/\sqrt{3}$	334	单星相电压差	6 号电容器组

3、5 号电容器组配套的环氧浇注干式铁芯串联电抗器，型号为 CKSC-60/10-1，额定容量 60kvar，电抗率 1%，额定电流 47.2A，室内三相水平布置。

（二）故障经过

2017 年 12 月，运维人员巡视发现该变电站 3 号电容器组所在的电容器室中充满焦煳味，屏蔽网缝隙中有烟冒出，随后立即切断电源，将 3 号电容器组退出运行，并联系检修人员进行检查，如图 4-20 所示。

图 4-20 现场设备情况

二、检查情况

（一）故障后检查情况

经现场检查发现，该电容器组串联电抗器铁芯情况完好，但电抗器 B 相外观存在明显异常，绕组所在的环氧树脂外绝缘从离地 2/3 位置向下表面有因高温导致的明显鼓起，靠近地面 10cm 处出现裂隙，烧损部分熔融后的油状溶质滴落在地板上，如图 4-21 所示。

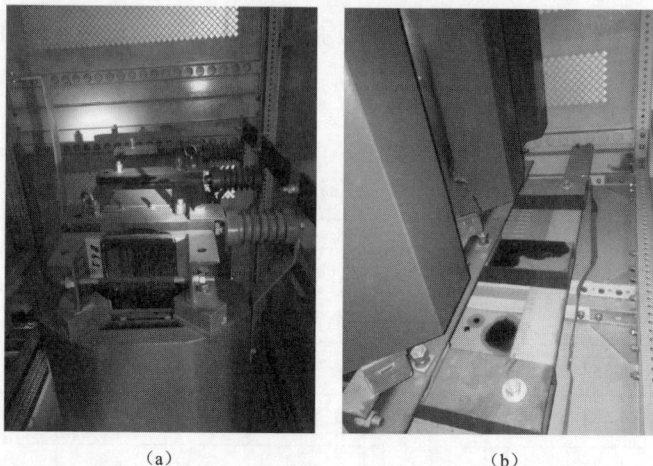

（a）   （b）

图 4-21　现场设备损坏情况

（a）铁芯外观情况；（b）外壳烧损、溶质滴落情况

（二）故障后试验情况

故障发生后，对 3 号电容器组串联电抗器进行试验，并将试验数据换算到 20℃下，结果如表 4-11 所示。

表 4-11　故障干式电抗器烧损后试验数据（故障发生后，换算到 20℃）

试验项目	高/低压及地		铁芯/地
绝缘电阻（MΩ）	720		8
直流电阻（Ω）	A-X	20.54	
	B-Y	15.23	
	C-Z	20.52	
交流耐压（kV/min）	不合格		

最近一次例行试验数据换算到 20℃如表 4-12 所示。

表 4-12　故障干式电抗器烧损后试验数据（最近一次，换算到 20℃）

试验项目	高/低压及地		铁芯/地
绝缘电阻（MΩ）	21000		8
直流电阻（Ω）	A-X	20.53	
	B-Y	20.48	
	C-Z	20.50	
交流耐压（kV/min）	不合格		

经对比可知，绝缘电阻（除铁芯对地外）和交流耐压均不合格，说明高、低压之间以及与地之间的绝缘已被破坏；B 相直流电阻测试不合格，说明部分匝间绝缘被破坏。考虑到该干式电抗器线圈每匝承受的电压仅有几伏，同时观察发现 B 相烧损并非贯穿性破坏，加之电抗器安装于室内，不会受到雨淋或异物的影响，由此推断干式电抗器烧损不是受潮导致绕组漆包线绝缘缺陷或者异物直接造成的，而是环氧树脂局部缺陷导致的。

三、原因分析

该电抗器在环氧浇注过程中，由于工艺制造原因，在固化成型后环氧树脂内部存在比较明显的气隙，这种局部尺寸较大的气隙会承受很高的场强，导致气隙发生局部放电，虽然每次放电量只有几百皮库，但经多次放电并长时间作用，会使材料劣化形成树枝状放电通道；随着时间推移，通道长度逐渐增长，同时伴随热量产生，在高温和强电场作用下匝间绝缘也随之被破坏，出现匝间短路，进而加速了环氧绝缘破坏，最终导致击穿、烧损，并使线圈在高温下熔断。

四、经验及建议

（1）加强设备出厂验收。针对此次事故，首先应加强对环氧浇注干式电抗器变出厂试验的监督，避免设备带缺陷出厂。把局部放电列为出厂试验必做项目，从而及早有效发现环氧树脂绝缘存在的缺陷。尽量选择国内生产环氧浇注干式资质优良的企业，保证产品的质量安全可靠。

（2）加强设备温度检测，绝缘材料都有一个极限工作温度，超过该允许温度会导致绝缘性能的裂化。环氧树脂浇注电抗器的安全运行和使用寿命，很大程度上取决于绕组和环氧树脂温度，因此有必要加强对电抗器温度的检测。及时发现热像异常，从而及早发现绝缘缺陷导致的电压型致热。

（3）开展局部放电检测，目前，常用的开关柜局部放电检测技术有暂态地电压法和超声波法，在设备发生局部放电时，使用手持式局部放电检测仪检测到该信号，从而发现异常情况。

[案例二　电抗器内部烧蚀]

一、案例概况

（一）故障前运行方式

某 220kV 变电站 220kV 系统采用双母线运行方式，110kV 系统采用单母线分段运行方式，10kV 系统为单母线方式运行，共两段。两段 10kV 母线均带有电容器组、站用变压器、母线 TV、PB，其中 10kV I 段母线带 1、2、3 号电容器，10kVⅡ段母线带 4、5、6 号电容器，电容器参数如表 4-13 所示。

表 4-13　　　　　　　　　　　　　电 容 器 参 数

型号	额定电压（kV）	额定容量（kvar）	额定电抗率	安装位置
TBB10-8000/334AC	10	334	5%	1 号电容器组
TBB10-8000/334AC	10	334	5%	2 号电容器组
TBB10-8000/334AC	10	334	5%	3 号电容器组
TBB10-8000/334AC	10	334	5%	4 号电容器组
TBB10-8000/334AC	10	334	5%	5 号电容器组
TBB10-8000/334AC	10	334	5%	6 号电容器组

电容器组配套的串联电抗器的型号均为 CKSC-400/10-6，线圈材质为铝，额定容量 400kvar，电抗率 6%，额定电流 419.29A，三相叠装，出厂日期为 2016 年 4 月。

（二）故障经过

2018 年 10 月 25 日带电检测人员在对该变电站电容器、电抗器进行红外测温时发现，5 号电容器组配套电抗器接线端子最高温度达到 296.4℃，严重超过允许运行温度。带电检测人员及时与运行人员汇报，申请 5 号电容器组退出运行。红外检测结果如图 4-22 所示。

二、检查情况

（一）一次设备检查

经现场检查发现，该电容器组 A、B、C 三相电抗器的母线接线端子处烧蚀明显，器身表面出现烧黑、碳化现象，且 A、B 相碳化情况更加严重。三相母线外表的绝缘热缩带出现破损、脱落。现场设备损坏情况如图 4-23 所示。

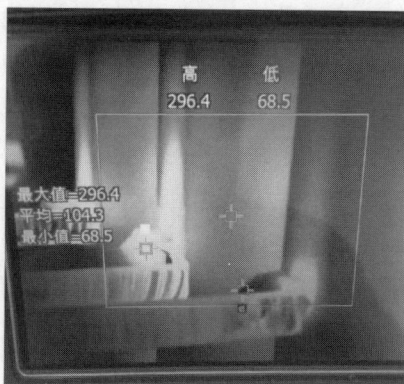

图 4-22　红外检测结果

（二）保护装置及信息检查

保护无动作。

（三）故障后试验情况

对 2 号电容器组配套电抗器进行整组更换，更换完成后电抗器参数测量如表 4-14 所示。

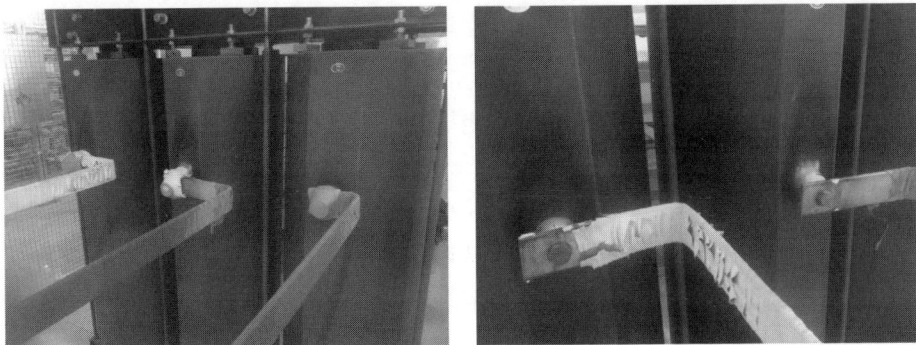

图 4-23　现场设备损坏情况

表 4-14　　　　　　　　　　　电抗器参数测量　　　　　　　　　　（mΩ）

绕组直流电阻	出厂试验	安装后测量
A-X	8.317	8.389
B-Y	8.364	8.381
C-Z	8.326	8.378

经测量，电抗器直流电阻合格，可以投入使用。

三、原因分析

（1）谐波造成的影响，根据历史测试结果，该变电站电容器存在 5 次、7 次谐波含量超标。在并联电容补偿装置中，电抗器和电容器串联后构成一定的谐振回路，这在一定程度上能够起到消谐或滤波的作用，进而也能够在一定程度上提高功率因数和改善供电质量。但倘若在处理的过程中由于并联电容器参数的设置不当或投入电容器的数量不当，就会导致注入电容器组的谐波电流被放大或某次谐波引起电容器组谐振致使电抗器过电流、过热。此外，当前的串联电抗器几乎没有处于保护状态，一旦发生由于谐振而引起的过电压、过电流现象，就不能在一定程度上及时切除电源，进而导致电抗器的损坏。

（2）该型号批次电抗器连接铜排与本体采用单螺栓连接，接线端子不符合《变压器、高压电器及高压套管的接线端子》（GB 5273—1985）中尺寸及固定方式的规定，造成连接端子固定位置局部过热。局部过热是引起串联电抗器损坏的重要原因。温度的稳定性和热状态是电抗器设计、制造质量的重要指标，绝缘等级是电抗器温度、热性能等的重要评价指标，选择 F 级等高绝缘等级材料的电抗器耐热性能相对较好，发生过热导致烧损等概率会显著降低，当然这也不可避免会造成成本增加。此外，电抗器的产品设计、制造工艺等也会影响其耐热性能，在设计中应注意由于局部过热问题而导致干式空芯电抗器烧毁。

四、经验及建议

（1）设备运维期间，对干式空芯电抗器进行红外检测，并根据负荷情况，相应增加巡视次数以及红外检测次数，避免干式空芯串联电抗器烧毁事故的发生。

（2）维修人员对电抗器设备表面是否有鼓包、龟裂、变形、树枝状爬电，绝缘子有无裂纹或明显放电，线圈是否有断股，电抗器有无异响等进行定期的检修和记录。

（3）应定期对各个环节的相关设备的器件进行试验，确保设备的正常运行。

（4）在选择电抗器的材料时，应要杜绝选用不符合绝缘等级要求的绝缘材料。

［案例三　电抗器匝间短路］

一、案例概况

（一）故障前运行方式

某 220kV 变电站 220kV 系统采用双母线运行方式，110kV 系统采用双母线运行方式，10kV 系统为单母线方式运行，共两段。两段 10kV 母线均带有电容器组、站用变压器、母线 TV、PB，其中 10kV Ⅰ 段母线带 1、2、3 号电容器，10kV Ⅱ 段母线带 4、5、6 号电容器，电容器参数如表 4-15 所示。

表 4-15　　　　　　　　电 容 器 参 数

型号	额定电压（kV）	额定容量（kvar）	接线方式	安装位置
BAM11/$\sqrt{3}$ -500-1W	11/$\sqrt{3}$	500	单星相电压差	1 号电容器组
BAM11/$\sqrt{3}$ -500-1W	11/$\sqrt{3}$	500	单星相电压差	2 号电容器组
BAM11/$\sqrt{3}$ -500-1W	11/$\sqrt{3}$	500	单星相电压差	3 号电容器组
BAM11/$\sqrt{3}$ -500-1W	11/$\sqrt{3}$	500	单星相电压差	4 号电容器组
BAM11/$\sqrt{3}$ -500-1W	11/$\sqrt{3}$	500	单星相电压差	5 号电容器组
BAM11/$\sqrt{3}$ -500-1W	11/$\sqrt{3}$	500	单星相电压差	6 号电容器组

电容器组配套的干式空芯串联电抗器的型号均为 CKGKL-150/10-6，线圈材质为铝，额定容量 150kvar，电抗率 6%，额定电感 3.082mH，额定电流 393.6A，三相叠装，出厂日期为 2010 年 6 月，投运日期为 2011 年 5 月。

（二）故障经过

2014 年 3 月该变电站在投入 2 号并联电容器组约 10min 后，运行人员发现 2 号并联电容器组的串联电抗器冒烟起火，随后立即切断电源，将 2 号并联电容器组退出运行。

二、检查情况

（一）一次设备检查

经现场检查发现，该电抗器组 B 相电抗器的第 4、第 5（从内到外）个包封底部圆周方向烧损严重，最外层距离顶部约 1/2 位置表面烧损严重，起火点存在明显的鼓包现象。烧损部分熔融后的溶质滴落在 C 相电抗器上。现场设备损坏情况如图 4-24 所示。

图 4-24 现场设备损坏情况

（二）保护装置及信息检查

经检查，2 号电容器组 I 段保护动作、不平衡电压动作跳闸，切除故障设备。

（三）故障后试验情况

故障发生后，对 2 号电容器组配套电抗器进行整组更换，更换完成后电抗器参数测量如表 4-16 所示。

表 4-16　　　　　　　　　更换后电抗器参数测量　　　　　　　　（mΩ）

绕组直流电阻	出厂试验	安装后测量
A-X	8.417	8.399
B-Y	8.383	8.394
C-Z	8.366	8.374

经测量，电抗器直流电阻合格，可以投入使用。

三、原因分析

（1）该型号批次电抗器的工艺质量管理存在问题，铝导体制造过程中夹杂了杂质，导致各包封铝导线电流分布不均匀，在运行过程中出现了局部过热的缺陷，加上铝导线通流密度偏大、使用的绝缘材料耐热等级偏低，在长期的热效应累积下，造成局部过热鼓包，绝缘损坏的现象。在合闸涌流的冲击下，引起薄弱点匝间短路，该点短路及其发展，使得电抗器绕组电流进一步增大，进一步带来绝缘相对薄弱处发生匝间短路，最终形成贯穿性放电，直至将其绝缘层加热至燃点起火。

（2）该型号的电抗器铝导线采用聚酯薄膜缠绕绝缘，各包封之间采用玻璃丝固化绝缘，包封外表面喷有一层防紫外线和臭氧的油漆涂层。该型号批次的电抗器采用的绝缘材料等级为 B 级，其绝缘耐热只有 130℃。而根据国家电网公司 2005 年 3 月发布的《10～66kV 干式电抗器技术标准》中的相关规定：串联电抗器绕组导线股间、匝间、包封的绝缘材料耐热等级应不低于 F 级（绝缘耐热 155℃）绝缘材料，该型号电抗器所采用的绝缘材料不符合要求。电抗器绕组绝缘耐压等级、温升如表 4-17 所示。而根据该型号电抗器的设计参数可知，该型号电抗器在短路 2s 后，包封的最高温度就能达到 139.24℃。

表 4-17 　　　　　　　　　　电抗器绕组绝缘耐热等级、温升

绝缘材料等级	绝缘耐热（℃）	额定短时电流下的平均温度（℃）	温升（K）
F 级	155	铜：350 铝：200	115
H 级	180	铜：350 铝：200	140
B 级	130		90

（3）并联电容器组的频繁操作也是造成这次故障的原因之一。电抗器频繁遭受合闸涌流的冲击，加快了绝缘介质的老化、劣化。

四、经验及建议

（1）加强电容设备的运行维护管理，特别是加强关键部位和绝缘薄弱部分的维护检查。

（2）加强变电站现场定检和试验工作，发现室外串联电抗器异常情况或存在断股和绝缘损坏现象，应及早处理。在运行中加强电抗器本体红外测温。外观检查线匝绝缘是否有开裂及玻璃纤维条断裂以及各进出线焊接情况。

（3）在条件允许时，调度部门应减少天气突变时对电容器运行方式的改变。

（4）在电抗器选型时，应注意其绝缘材料是否有足够的耐热等级，以避免电抗器绝缘过早出现热老化现象。

（5）加强对电抗器的运行维护工作，如定期查看其表面是否有鼓包、龟裂现象，积极开展红外测温工作以监视其发热情况及发热部位，特别是电抗器的内层包封的上半部分。

（6）干式空芯电抗器特点之一是由多个包封组成，由于设计和工艺上的问题，往往会造成包封电流密度不同，从而使局部温度较高。因此，设计、制造部门应提高自身的工艺水平，有效控制导体内电流的不均匀性。

（7）优化电网运行方式，避免并联电容器组的频繁投切。

（8）电抗器外表面的涂层具有防紫外线等功能，对表面涂层剥落比较严重的电抗器加涂 PRTV，以延缓绝缘材料的老化。

（9）采用工艺办法防止电抗器龟裂与裂缝，避免雨水和潮气渗入电抗器包封内部，加速聚酯薄膜的水解老化，造成匝间短路的现象。

［案例四　电抗器流胶］

一、案例概况

（一）故障前运行方式

某 220kV 变电站位于郊区，现站内装设 3 台（1、2、3 号）220kV、240MVA 变压器，220kV 系统采用 3/2 接线方式运行，110kV 系统采用双母线方式运行，10kV 系统为单母线分段方式运行，两段母线均带有电容器组和部分出线。10kV Ⅰ、Ⅱ、Ⅲ、Ⅳ段母线分别各带多条馈线和 2 组电容器，其中 10kV Ⅰ段母线带 1、2 号电容器，10kV Ⅱ段母线带 3、4 号电容器，10kV Ⅲ段母线带 5、6 号电容器，10kV Ⅳ段母线带 7、8、9 号电容器。其中 3 号集合式电容器型号为 BAMH-11-4200-1×3W（额定电压 11/3kV，额定容量 4200kvar，额定电流 220A），电抗器型号为 CKDT-10-84/-6（额定电压 10kV，额定容量 84kvar，额定电流 220A），感抗为 1.728Ω（有名值），电抗率为 6%（可消除 5 次谐波）。集合式电容器为 2002 年 6 月产品，电抗器为 2002 年 4 月产品，均为 2003 年 5 月投运。电容器参数如表 4-18 所示。

故障发生前 220、110kV 系统及 10kV 系统正常运行。经查阅运维资料，近年内所有电容器组均未发生过故障，3 号电容器组串联电抗器在运行中经常出现过热现象。经现场用红外仪实测，在环境温度 32℃左右时，A 相线圈为 83℃，

B 相线圈为 88℃，C 相线圈为 76℃，均在线圈的上部（下部低 8～12℃）。

表 4-18　　　　　　　　　　电　容　器　参　数

型号	额定电压 （kV）	额定容量 （kvar）	安装位置
BAMH-11-4200-1×3	11	4200	1、2、3 号电容器组

保护装置型号为 RCS9631，保护具体配置为：过电流 I 段保护（定值 7.2A，0.1s），过电流 II 段保护（定值 3.8A，0.45s），过电压保护（定值 116V，1.5s），低电压保护（定值 40V，0s），不平衡电压保护（定值 5V，0.1s）。

（二）故障经过

2016 年 8 月 14 日 23 时 32 分，运行人员巡视设备时，经现场用红外仪实测，在环境温度 36℃左右时，3 号电容器组串联电抗器 A 相线圈上部为 87℃，B 相线圈上部为 90.6℃，C 相线圈上部为 86℃，且 B 相电抗器出现流胶现象。运行人员及时汇报调度，退出 3 号电容器组运行，并通知检修人员到现场进行紧急处理。

二、检查情况

（一）一次设备检查

对一次设备进行现场检查，并进行复测。现场发现：

（1）电容器 A 相导线有明显的烧痕和过热现象如图 4-25 所示，导线需更换。

图 4-25　A 相电容器导线烧痕

（2）3 号电容器组 C 相第 6 只电容器有明显过热和渗油现象，如图 4-26 所示。

（3）3 号电容器串联电抗器 B 相底部出现黑色流胶，滴在支柱绝缘子及下端电抗器上，如图 4-27 所示。

图 4-26　C6 电容器渗油现象

图 4-27　3 号电容器组串联电抗器现场检查

（二）保护装置及信息检查

保护装置正常，无异常信号。

（三）故障后试验情况

检修人员现场对 3 号电容器组电抗器进行整组更换、对 C6 电容器进行更换后，对 3 号电容器组进行测试，电容器参数测量如表 4-19 所示。

表 4-19　　　　　　　　　　电 容 器 参 数 测 量　　　　　　　　　（μF）

电容器编号	铭牌电容量	实测电容量
3 号 A	105.85	106.53
3 号 B	105.88	107.01
3 号 C	106.74	107.37

根据测试结果判断，电容器合格，满足现场要求。

三、原因分析

（1）在额定允许运行电流和工作运行电压下发生过热，并将其层间（匝间）绝缘胶融化的原因归结为绝缘层的耐热等级不够引起，特别是在外界长期高温作用下绝缘胶融化可能造成某点匝间短路，又由于该点短路及其发展，使得电抗器绕组电流增大，进一步带来绝缘相对薄弱处发生匝间短路，最终形成贯穿性放电。当环境温度较高时（尤其在太阳直射下），可能会将其绝缘层加热到燃点起火。根据《串联电抗器》（JB 5346—1998）中的相关规定：串联电抗器绕组绝缘耐热等级、温升如表 4-20 所示。

表 4-20　　　　　　　串联电抗器绕组绝缘耐热等级、温升

绝缘材料等级	绝缘耐热（℃）	额定短时电流下平均温度（℃）	温升（K）
F 级	155	铜 350；铝 200	75
H 级	180	铜 350；铝 200	100
B 级	130		

电抗器绕组导线股间、匝间、包封的绝缘材料耐热等级不应低于 F 级绝缘材料。但本组中电抗器绕组所流出的胶是沥青类材质，属于 B 级绝缘材料，其绝缘耐热等级只有 130℃，低于规定要求。

（2）电容器为 11kV，电抗器为 10kV，致使电抗器长期在高于额定电压 10%的状态下运行，系统电压因波动导致电压高于额定值时，将导致电抗器绝缘层加速老化，当温度、电流、电压条件具备时，会引起过热起火电抗器最高运行电压应该不低于系统最高运行电压。

（3）根据现场检查及计算，电抗器铝导线电流密度不够。按《干式电力变压器技术参数和要求》（GB 10228—1997）规定：电抗器铝导线电流密度不得大于 1.2A/mm^2，但现场粗略计算电抗器铝导线电流密度却达到 1.46A/mm^2，超过国标要求。

综上所述，电抗器发生过热的主要原因为设计方面的，但生产管理部门对此重视不够也是原因之一。

四、经验及建议

（1）每月定期用红外测温仪测量电容器运行温度，如发现软连线、套管接头温升异常时，应停电维护检修。

（2）过热故障的主要原因为导线绝缘材质不符合要求。因此，今后电抗器

选型时，应特别注意其绝缘材料要有足够的耐热等级，以避免电抗器绝缘过早出现过热老化现象。

（3）干式空芯串联电抗器特点之一是由多个串联的包封组成，由于存在设计和工艺上的问题，会造成包封电流密度不同，从而使局部温度较高。因此设计、制造部门应该考虑有效地控制导体内电流的不均匀性。

（4）考虑临时应急方案时，在去掉电抗器后单独投入电容器运行是可行的，且经过计算，投切过程中不会因涌流和谐波放大而造成对设备的危害。

[案例五　异物引起串联电抗器相间故障]

一、案例概况

（一）故障前运行方式

某 220kV 变电站始投运于 1972 年，经过多次改造，现站内装设两台（1、2 号）240MVA 变压器，220kV 和 110kV 系统均为双母线方式运行，10kV 系统为单母线分段方式运行，两段母线均带有电容器组和部分出线。Ⅰ、Ⅱ段母线分别各带 2 条出线和 4 组电容器，其中Ⅰ母带 10kV Ⅰ母 PB，1 号站用变压器，1、2、3、4 号电容器；Ⅱ母带 10kV Ⅱ母 PB，2 号站用变压器，5、6、7、8 号电容器，电容器组配套设备型号及生产厂家如表 4-21 所示。

表 4-21　　　　　　　　电容器组配套设备型号及生产厂家

设备名称	型号	生产厂家
断路器	LW16-40.5W	江苏如高
电容器	BAM12-334-1W	苏州电力电容器有限公司
放电线圈	FD2-5/41.$\sqrt{3}$ -1W	无锡电力电容器分厂
串联电抗器	CKK-320/35-12	北京电力设备总厂
避雷器	HY5WR-52.7/134	西安神电
熔断器	BRW-12/42A	公主岭电器厂

故障发生前 220kV 系统、110kV 系统、两台主变压器以及各 220、110kV 线路正常运行；10kV Ⅰ 母线经 101 开关由 1 号主变压器供电，10kV Ⅱ 母线经 102 开关由 2 号主变压器供电；Ⅰ、Ⅱ段母线所带间隔均正常运行。所有电容器组均未发生过故障。

电容器组配置的继电保护方式主要有过电流保护、过电压保护、欠电压保护等，其中：过电流保护采用三相式，保护定值按照能可靠躲过电容器额定电流（一般为 1.5～2 倍的额定电流），过电流Ⅰ段电流整定值 10.3A，过电流Ⅱ段电流 5A，保护动作时间过电流Ⅰ段时间 0.1s，过电流Ⅱ段时间 0.5s；过电压保护定值应按电容器端电压不长时间超过 1.1 倍电容器额定电压的原则整定，过电压保护动作时间应在 1min 以内，此处过电压整定值 116V，过电压动作时间整定值 1.5s；欠电压定值应能在电容器所接母线失压后可靠动作，而在母线电压恢复正常后可靠返回，一般整定为 0.3～0.6 倍额定电压。保护的动作时间应与本侧出线后备保护时间配合，此处欠电压整定值 40V，欠电压动作时间 0.1s。

（二）故障经过

2017 年 9 月 11 日 10 时 35 分，该变电站事故总信号动作，10kV 5 板 10kV 4 号电容器过电流保护动作。

二、检查情况

（一）一次设备检查

事故发生后，对一次设备进行现场勘查发现：4 号电容器组配套串联电抗器组 A 相电抗器表面有明显的烧黑痕迹，特别是距离 B 相铜排较近的位置，大面积发黑；与 A 相电抗器距离较近的 B 相铜排表面相色漆烧毁，铜排裸露且表面有明显的烧黑痕迹；设备区地面有碳化死亡的鸟类尸体一具；其他所有进出线端子、绝缘子及紧固螺栓表面完好无烧熔；其他设备如电容器、放电线圈、避雷器及隔离开关等，外观良好，所有软线、母排的接点均无异常。现场检查情况如图 4-28 所示。

（二）保护装置及信息检查

保护动作情况：9 月 11 日 10 时 35 分 15 秒，4 号电容器保护 PCS-9631A 过电流保护动作。查阅后台机，显示 4 号电容器 A 相瞬时电流 12.3A，B 相瞬时电流−12.3A，超过Ⅰ段过电流保护整定值。

（三）故障后试验情况

图 4-28　一次设备现场检查情况

故障发生后，对 4 号电容器组配套电抗器进行参数测量，受损电抗器测量参数如表 4-22 所示。

表 4-22　　　　　　　　　　受损电抗器测量参数　　　　　　　　　　（mΩ）

绕组直流电阻	出厂试验	故障后测量
A-X	8.507	15.082
B-Y	8.583	8.594
C-Z	8.566	8.574

可以看出，A相电抗器绕组直流电阻偏大。现场对串联电抗器进行解剖后发现电抗器A相烧损严重，A相线圈的上部与铁芯之间有通过大电流的痕迹，A相线圈的绝缘由于大电流的作用出现明显破坏。

三、原因分析

（1）变电站位于郊区，周边鸟类聚集，且运行环境较差。电容器组配套串联电抗器连接铜排表面未进行绝缘化处理，鸟类落在连接铜排上，造成铜排与电抗器之间的距离不足，局部电场强度比较集中，产生放电。

（2）电抗器表面的有机硅漆存在局部老化、脱落，降低了电抗器表面的绝缘强度。

（3）事故发生时期正处在初秋，秋雨过后空气湿润，空气绝缘强度降低，加大了绝缘击穿及相间短路的发生概率。

四、经验及建议

（1）为电容器组加盖防护房。鉴于城市建设发展速度较快，部分市内变电站户外敞开式电容器已陷入危险的"井底"式运行方式，为防止设备受潮、防小动物、防漂浮物等的危害，应为电容器组加盖防护房。

（2）对室外并联电容器、配套串联电抗器连接铜排进行绝缘化处理。考虑到室外并联电容器组、配套串联电抗器连接铜排距离较近，为避免鸟类落在铜排上，缩小安全距离造成放电，进而导致相间短路事故的现象发生，对铜排采取绕包热缩绝缘套等绝缘化方式。

（3）对于室外设备，在空间充足的情况下，并联电容器组配套串联电抗器采用分相并列"一"字形布置方式，如图4-29所示。分相并列布置的电抗器之间应保持一定的间距，以免互相感应。采用分相布置时，由于相间空气间隙较大，且分相铜排距离大，有利于防止相间短路和缩小事故范围。

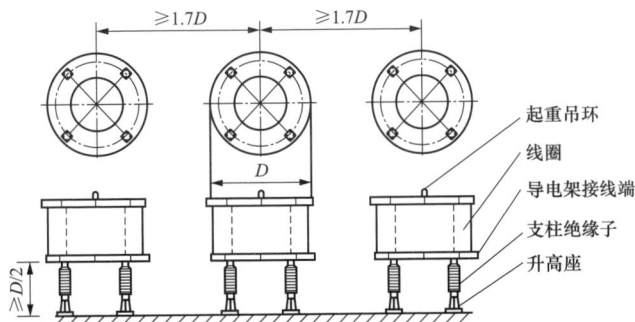

图4-29　干式空芯串联电抗器"一"字形并列安装示意图

（4）定期对串联电抗器表面喷涂有机硅漆。在室外使用的并联电容器组配套串联电抗器，通常其表面喷涂有机硅漆，以保证其有较好的耐紫外线辐射、抗老化和防开裂的能力。长期运行后，有机硅漆会发生部分脱落或老化，将串联电抗器表面有机硅漆纳入例行检修项目，定期喷涂，可有效预防有机硅漆脱落等造成匝间或相间短路的隐患。

［案例六　电抗器噪声］

一、案例概况

（一）故障前运行方式

某 110kV 变电站始投运于 1996 年，经历多次改造，现站内装设两台（1、2 号）120MVA 变压器，110kV 系统采用单母分段方式运行，10kV 系统为单母线分段方式运行，两段母线均带有电容器组和部分出线。Ⅰ、Ⅱ段母线分别各带 2 条出线和 1 组电容器，其中Ⅰ母带 10kVⅠ母 PB、1 号站用变压器、1 号电容器；Ⅱ母带 10kVⅡ母 PB、2 号站用变压器、2 号电容器，电容器组配套设备型号及生产厂家如表 4-23 所示。

表 4-23　　　　　　　　　电容器组配套设备型号及生产厂家

设备名称	型号	生产厂家
电容器	BAM11$\sqrt{3}$-334-1W	陕西合容电力设备有限公司
串联电抗器	CKSC-30-10-1	陕西合容电力设备有限公司

2016 年 12 月，该变电站 10kV 设备进行全面改造升级，所有 10kV 开关柜设备重新更换。异常发生前整个变电站设备运行良好，10kVⅠ母线经 101 开关由 1 号主变压器供电，10kVⅡ母线经 102 开关由 2 号主变压器供电；Ⅰ、Ⅱ段母线所带间隔均正常运行。所有电容器组均未发生过故障。

（二）故障经过

2017 年 8 月 15 日，运行人员进行设备巡视时发现，该变电站电抗器室 1 号电抗器噪声异常。通知带电检测工作人员对现场噪声进行测试，初步测试噪声为 38dB（声压级）。8 月 22 日进行复测，测试结果为 48dB（声压级），增大明显。8 月 24 日，设备退出运行，检修人员到场对设备进行检查。

二、检查情况

（一）一次设备检查

对一次设备进行现场检查发现：1 号电抗器过渡支座位置有 5 处螺栓滑丝松动，C 相电抗器垂直绑扎带松动；电抗器通风道内有金属垫片及螺帽等异物。

一次设备现场检查情况如图 4-30 所示。

（a）　　　　　　　　　　　　　　　（b）

图 4-30　一次设备现场检查情况

（a）1 号电抗器过渡支座位置 5 处螺栓滑丝松动及 C 相电抗器垂直绑扎带松动；

（b）电抗器通风道内有金属垫片及螺帽等异物

（二）保护装置及信息检查

保护装置无动作。

（三）故障后试验情况

将松动螺丝紧固、绑带重新绑扎修复后，设备重新投入运行，异常噪声消除，现场进行测试，测试结果为 20dB（声压级）。一周后进行复测，测试结果为 20.5dB（声压级），故障消除。

三、原因分析

（1）根据现场检查结果，电抗器因安装不到位、长期运行过程中紧固件的松动，造成运行时的震颤、磕碰从而产生异常噪声。此外，结构件松动会降低电抗器的安装结构强度，年度检修时应加强此方面的检查。

（2）电抗器绕组包封层与星形汇流架间以玻璃钢绝缘扎带固定。在长时间运行中，绝缘扎带可能会因震动摩擦而发生松脱、断裂现象，从而导致与星形汇流架磕碰产生间歇性异常噪声。

（3）存在金属异物时，随着电抗器的振动，金属异物也会产生振动，产生高频噪声。

四、经验及建议

在正常运行过程中，空芯电抗器如若出现异常噪声，基本上表明设备已处于带病运行状态，应及时查找原因并排除缺陷。

（1）检查异常相电抗器的电压、电流等参数，排除因系统参数变化而导致设备产生异常噪声。

（2）根据异响的声音状态和大概位置，初步判断原因并及时排除，如螺栓垫片振动声音，基本反映是紧固件松动引起，多数异响都是此类问题，应重点排查支座板、防雨帽螺栓等；中低频率的撞击声音，大多是由安装不到位、紧固松动而碰撞引起，应重点排查防雨帽、支撑结构等；持续、尖锐的高频声音，多是由于金属异物或引线断裂引起，应重点排查电抗器风道、汇流引线等。

（3）在电抗器维护中做好以下几方面检查：重点检查电抗器防护罩、过渡支座、绝缘子、高支腿等各连接部分螺栓是否紧固；接地线位置是否正常；防雨格栅等部件是否安装到位等；检查电抗器绕组端面是否有金属异物、风道内部是否有金属丝异物等；检查水平带、垂直带是否紧固，有无松动、断裂等；重点检查绕组上、下引线与汇流排焊接情况，引线有无断裂、焊点有无开焊等。

第五节　保护与控制回路故障

[案例一　设计不当引发故障]

一、案例概况

（一）故障前运行方式

某 220kV 变电站 10kV 侧为单母线分段接线。正常运行方式：母联 120 开口，单母线分段运行。1 号主变压器 101 开关带 I 段母线，2 号主变压器 102 带 II 段母线。10kV 两段母线分别接有电容器组和负荷。

电容器配置情况：该站有 8 组电容器，每组容量 7200kvar。10kV 的 I 段母线有 4 组，运行编号分别是 1~4 号；II 段母线有 4 组，运行编号分别是 5~8 号。1、2、7、8 号参数相同，电容器型号为 BFF12/$\sqrt{3}$-200-1W，串 12%电抗器；3~6 号参数相同，电容器型号为 BFF11/$\sqrt{3}$-200-1W，串 6%电抗器。

（二）故障经过

当 1 号电容器组合开关投入时，情况良好。再合 2 号电容器开关时，会发现 1 号电容器的电流表（600A）指针满量程偏转（1 号电容器额定电流 347A），然后 1 号电容器过电流保护动作开关跳闸，2 号电容器开关合闸良好，电容器组投入。重复试投 5 次，1 号开关跳闸 4 次，1 次不跳闸。接着投入 3 号电容器开关时，2 号电容器过电流保护动作开关跳闸，3 号电容器开关合闸良好，电容器组投入。投入 4 号电容器开关时，3 号电容器过电流保护动作开关跳闸，4 号电容器开关合闸良好，电容器组投入。II 段母线电容器组投入情况亦然，总之，每段母线只能投入一组电容器。

二、检查情况

（一）一次设备检查

8 组电容器 A、B、C 三相检查试验合格，电容值测试正常。电抗器试验合格。避雷器检查试验合格。油浸全密封放电线圈外观正常，试验合格。断路器试验合格。

（二）保护装置及信息检查

保护动作情况：5 月 11 日 14 时 6 分 15 秒、15 分 23 秒、31 分 14 秒、45 分 38 秒，1 号电容器保护 PCS-9631A 过电流保护动作。15 时 19 分 20 秒，2 号电容器保护 PCS-9631A 过电流保护动作。15 时 58 分 45 秒，3 号电容器保护 PCS-9631A 过电流保护动作。

II 段母线电容器组，5 月 11 日 16 时 7 分 21 秒，5 号电容器保护 PCS-9631A 过电流保护动作。16 时 12 分 33 秒，6 号电容器保护 PCS-9631A 过电流保护动作。16 时 33 分 06 秒，7 号电容器保护 PCS-9631A 过电流保护动作。

（三）故障后试验情况

检查 1～8 号电容器组保护定值与定值单一致，保护动作正确。对保护装置动作进行试验，限时电流速断、定时限过电流、低电压、过电压、不平衡电压保护动作逻辑正确，出口时间正确。

三、原因分析

从现象分析，该站电容器组不能全部投入的原因可能有三种：一是 110kV 侧接有电气化铁路牵引站，牵引站产生的负序电压、电流引起电容器组保护误动；二是电容器组在投入时产生的涌流灌入临近电容器组，造成电容器组跳闸；三是保护设备问题造成电容器组投不上。

1. 谐波问题

本站 115、116 开关接有电气化铁路牵引站，牵引站的负序电压、电流可能造成该站谐波超标，从而引起电容器组对谐波电流的放大，使过电流保护动作，开关掉闸。为此 2013 年 6 月 3 日对该变电站谐波进行测试，谐波测试的几个主要数值如表 4-24 所示。

表 4-24   谐波测试的几个主要数值

序号	名称	谐波电压（kV）				谐波电流（A）			
		限值	U_a	U_b	U_c	限值	I_a	I_b	I_c
1	110kV 电压总畸变率（%）	2	2.590	1.765	2.059	—	—	—	—
2	10kV 电压总畸变率（%）	4	1.613	1.340	1.624	—	—	—	—
3	1 号基波有效值	—	6.101	6.037	5.999	347-468	381.6	391.6	379.4
4	1 号 3 次谐波		0.952	1.009	1.017	64.1	1.201	9.640	6.628
5	1 号 5 次谐波		0.173	0.285	0.093	64.1	1.068	2.808	1.691
6	1 号 7 次谐波		0.290	0.247	0.135	48.1	0.422	2.666	2.134

从测试结果看因牵引站负序电压影响，110kV 侧电压总畸变率超过 2%的标准，但 10kV 侧的电压畸变率没有超标，电容器组的谐波电流也没有超标现象。重新复核 8 组电容器设备参数，均配置合理。

以 1、3 号为例计算其容抗（X_C）和电抗率（K）如下：

1 号电容器组：已知 X_L=2.4Ω，则 $X_C=U_C^2/Q_C$=12²/7.2=20Ω，$K=X_L/X_C$=2.4/20=0.12=12%。

3 号电容器组：已知 X_L=1.01Ω，则 $X_C=U_C^2/Q_C$=11²/7.2=16.806Ω，$K=X_L/X_C$=1.01/16.806=0.06=6%。

从以上计算结果看出，该站电容器参数是按《并联电容器装置设计规范》（GB 50227—2017）的要求选择的，串联 12%电抗器的电容器组对 3 次及以上谐波有抑制作用，串联 6%电抗器的电容器组对 5 次及以上的谐波有抑制作用。在运行中只要按照先投 12%的电容器，后投 6%的电容器，切除时先切 6%后切 12%的顺序操作电容器即可。

所以谐波不是造成该站电容器组投不上的原因。

2. 涌流问题

依据 GB 50227—2017 条文说明 5.5.3 条款："单组电容器投入时合闸涌流通常不大，当电容器组接入处的母线短路容量（S_d）不超过电容器组容量的 80 倍时，单组电容器的合闸涌流不超过 10 倍。"

该站 10kV 短路容量 S_d=320.5MVA，经计算是电容器组容量的 44 倍（320.5/7.2=44 倍），涌流不超过 10 倍。以 1 号电容器在投入情况下，再投 2 号电容器为例进行计算。

根据 GB 50227—2017 附录 B 电容器组在投入电网时的涌流计算公式为

$$I_{*ym} = 1/\sqrt{K} \times (1 - \beta Q_0 / Q) + 1 \qquad (4\text{-}2)$$

式中　I_{*ym}——涌流峰值的标幺值（以投入的电容器组额定电流峰值为基准值）；

Q——电容器组总容量（7.2Mvar×2）；

Q_0——正在投入的电容器组容量（7.2Mvar）；

β——电源影响系数，$\beta = 1 - 1/\sqrt{1 + Q/(KS_d)}$。所以 $I_{*ym} = 3.7$。

因为电容器组额定电流为 347A，所以涌流为 1816A（347×3.7=1816A），是电容器组额定电流的 5.2 倍，大于过电流保护的定值 624A，该站过电流保护定值为额定电流的 1.8 倍，如果单靠提高过电流保护定值是不现实的。涌流一般情况下不会超过 20ms，即一个周波的时间。根据《3kV～110kV 电网继电保护装置运行整定规程》（DL/T 584—2017）规定，过电流保护动作时间 0.3～1s，该站将过电流保护动作时间设为 0.5s，完全可以躲过 20ms 涌流动作时间。所以涌流也不是造成该站电容器组投不上的原因。

3. 保护回路问题

该站电容器过电流保护有两对时间触点接入跳闸回路，其保护和跳闸回路如图 4-31 所示。

当电容器开关合闸时，"涌流"使临近运行中的电容器开关三相电流继电器 LJ 动合触点闭合，并启动时间继电器，其不带时限的瞬动动合触点闭合，正电经延时打开 ZZJ 的动断触点、2XJ 及 1XB 连接片经跳闸回路出口跳闸。"合闸加速过电流"信号继电器掉牌。从以上分析可以看出，保护回路存在以下问题：

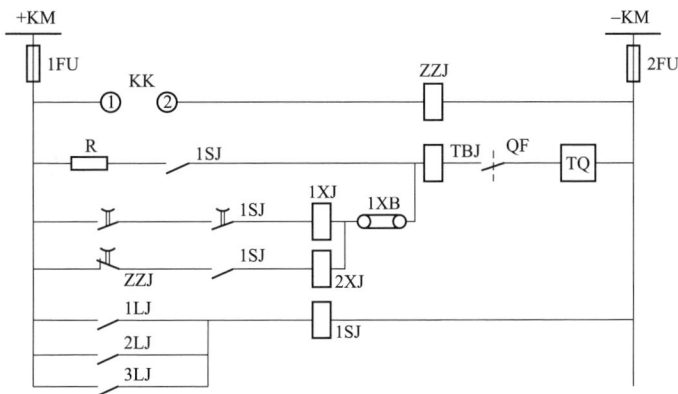

图 4-31　过电流保护及跳闸回路

（1）ZZJ 继电器 1、9 触点在合闸瞬间瞬时动作闭合，延时打开，在电容

119

器正常运行状况下 ZZJ 继电器 1、9 触点处于断开位置，造成该组电容器过电流保护正常运行情况下退出。

（2）电容器运行时，当临近电容器开关合闸时，"涌流"使该电容器开关三相电流继电器 LJ 动合触点闭合，并启动时间继电器 1SJ，其不带时限的瞬动动合触点 3、11 闭合，正电经延时打开 ZZJ 动断触点、1SJ 瞬动动合触点、2XJ 及 1LP 压板经跳闸回路出口跳闸。

（3）ZZJ 继电器 3、11 触点在合闸瞬间瞬时打开，失去合闸加速功能。

四、经验及建议

针对以上情况，对保护回路做如下纠正：

（1）ZZJ 继电器 1、9 触点取消；

（2）将 ZZJ 继电器 3、11 动断触点改为 1、9 动合触点；

（3）将不带时限的 1SJ 瞬动动合触点加一个 0.1s 的延时即能躲开涌流。

经过现场改接线、传动以及实际运行情况，电容器投入运行正常，同时消除了电容器失去过电流保护的缺陷。

在投入运行前，需仔细核对开关保护回路图纸，及时与设计方进行沟通，消除设计图纸中存在的问题，确保电容器组能够正常投入。

［案例二　设备参数不匹配引发故障］

一、案例概况

（一）故障前运行方式

某 220kV 变电站，220kV 和 110kV 侧双母并列运行，35kV 侧为双母分裂运行，35kV 侧无其他负荷。故障时，站内无任何操作。

35kV Ⅰ 母电容器配置如下：电容器装置型号为 TBB35-10008/417-ACW，11 号电容器配置电抗器电抗率为 5%（电抗器型为 CKDGKL-35-167/1100-5W），12、13 号电容器配置电抗器电抗率为 12%。35kV Ⅱ 母电容器配置与 Ⅰ 母相同。

（二）故障经过

220kV 某站 35kV 11 号电容器于 2015 年 1 月 6 日 10 时 21 分限时电流速断保护动作。现场检查发现该组电容器 B、C 相共 6 个电容器单元爆裂燃烧。

二、检查情况

（一）一次设备检查

11 号电容器 A 相检查试验合格。B 相一只爆裂，一只鼓肚，试验电容值为

0，其余 6 只电容值测试。C 相电容器 6 只损坏，如图 4-32 所示。电抗器外表熏黑，试验合格。避雷器检查试验合格。油浸全密封放电线圈外观正常，试验合格。断路器试验合格。

（二）保护装置及信息检查

保护动作情况：1 月 6 日 10 时 21 分 9 秒，11 号电容器组 ISA359GD 保护限时电流速断保护动作。保护检查情况：检查 11 号电容器组保护定值与定值单一致，保护动作正确。

（三）故障后试验情况

图 4-32 C 相电容器故障情况

对 11 号保护装置动作进行试验，限时电流速断、定时限过电流、差压保护动作逻辑正确，出口时间正确。

三、原因分析

1. 录波分析

通过对 11 号电容器保护装置录波图和主变压器故障录波图进行分析，故障过程分析结论如下：

（1）电容器故障前，电压发生畸变，电容器组流过 4 次谐波电流，B 相电流值等于 A、C 相电流之和，相位相反。由变压器星三角转换关系可知，220kV 侧、110kV 侧应该是 B、C 相有 4 次谐波电流。在主变压器故障录波图中 1 号和 2 号变压器高、中压侧 B、C 相确有 4 次谐波电流，且大小相等，相位相反。因此，分析电容器组与系统发生串联谐振。

（2）谐振导致 B、C 相差压大幅增加，B 相差压最高达到 170.1V（二次值），C 相达到 167V（二次值）。谐振导致 B、C 相电容器故障。

（3）B、C 相故障后，谐振条件破坏，B、C 相发生相间短路。B 相电流最高达 4.52kA（一次值），C 相电流最高达 4.312kA（一次值）。限时速断电流保护动作，断路器分开，故障切除。

2. 并联电容器谐波放大分析

该站 35kV 母线分裂运行时，三相短路容量为 916.57MVA（最大运行方式）、465.8MVA（最小运行方式）。根据系统短路容量近似估算系统短路阻抗（系统等效阻抗）为 $X_{s1}=1.413\Omega$（最大运行方式）、$X_{s1}=2.78\Omega$（最小运行方式）。

35kV 母线处等效阻抗如表 4-25 所示。35kV Ⅰ 母线 3 组电容器参数如表 4-26 所示。

表 4-25　　　　　　　　　　　　35kV 母线处等效阻抗　　　　　　　　　　　（Ω）

谐波次数	最大运行方式	最小运行方式
基波	j1.41	j2.78
2	j2.83	j5.56
3	j4.24	j8.34
4	j5.65	j11.12
5	j7.07	j13.90
6	j8.48	j16.68
7	j9.89	j19.46

表 4-26　　　　　　　　　　35kVⅠ 母线 3 组电容器参数

参数	电容（μF）	电感（mH）
第 1 组	21.951	23.075
第 2 组	18.44	66.038
第 3 组	18.44	66.038

3 组电容器不同投退方式下，35kV 侧的等效阻抗如表 4-27 所示。

本站电容器组的电抗率配置按照 1 组 5% 和 2 组 12% 进行配置。由表 4-27 可知，在投第 2 组，第 3 组，第 2、3 组，第 1、2 组或第 1、3 组，3 组全投时的阻抗对 3 次谐波都呈感性且较小，能够很好地吸收系统中 3 次谐波；在投第 1 组，第 1、2 组，第 1、3 组，3 组全投时对 5 次谐波阻抗较小，能够很好地吸收 5 次谐波。在投第 1 组，第 1、2 组，第 1、3 组，3 组全投时的阻抗分别为 –j7.29、–j8.926、–j11.508，对 4 次谐波呈容性，此时 4 次谐波被放大。

表 4-27　　　　　　电容器组不同投退方式时低压侧等效阻抗　　　　　　（Ω）

谐波次数	第 1 组	第 2 组（第 3 组）	第 2、3 组	第 1、2 组（第 1、3 组）	3 组全投
基波	–j137.835	–j151.924	–j75.962	–j72.268	–j48.973
2	–j58.050	–j44.858	–j22.429	–j25.304	–j16.178
3	–j26.625	j4.655	j2.327	j5.641	j2.550
4	–j7.290	j39.779	j19.890	–j8.926	–j11.508
5	j7.209	j69.148	j34.574	j6.528	j5.965
6	j19.290	j95.639	j47.820	j16.052	j13.745
7	j29.989	j120.486	j60.243	j24.013	j20.022

系统最大运行方式与电容器的等效阻抗如表 4-28 所示。

表 4-28　　　　　　　系统最大运行方式与电容器的等效阻抗　　　　　　（Ω）

谐波次数	投第 1 组电容器	第 1、2 组（第 1、3 组）	3 组电容器全投
基波	−j136.422	−j70.885	−j47.560
2	−j55.224	−j22.478	−j13.352
3	−j22.386	j9.880	j6.789
4	−j1.638	−j3.274	−j5.856
5	j14.274	j13.593	j13.030
6	j27.768	j24.530	j22.223
7	j39.880	j33.904	j29.913

系统最小运行方式与电容器的等效阻抗如表 4-29 所示。

表 4-29　　　　　　　系统最小运行方式与电容器的等效阻抗　　　　　　（Ω）

谐波次数	投第 1 组电容器	第 1、2 组（第 1、3 组）	3 组电容器全投
基波	−j135.055	−j69.488	−j46.193
2	−j52.490	−j19.744	−j10.618
3	−j18.285	j13.981	j10.890
4	−j3.830	−j2.194	−j0.388
5	j21.109	j20.428	j19.865
6	j35.970	j32.732	j30.425
7	j49.449	j43.473	j39.482

对 4 次谐波，在最大运行方式下，投第 1 组，第 1、2 组（第 1、3 组），3 组全投时的阻抗分别为−j1.638、−j3.274、−j5.856，呈容性。对 4 次谐波，在最小运行方式下，投第 1 组，第 1、2 组（第 1、3 组），3 组全投时的阻抗分别为 j3.830、j2.194、−j0.388。电容器在故障时，3 组全投，系统和并联电容器装置接近于串联谐振状态。并联电容器承受的 h 次谐波电压、流过并联电容器装置的 h 次谐波电流被放大，4 次谐波被放大。第 1、2、3 组电容器并联，可以得出流过第 1 组电容器承受的电压、流过的电流，谐振过电压、过电流导致电容器故障。

四、经验及建议

（1）该站电容器按常规配置，11 号电容器按照 5%额定阻抗来抑制 3 次及以上谐波，12、13 号电容按照 12%额定阻抗来抑制 5 次及以上谐波。该配置在投入 11 号电容器时，若系统存在 4 次谐波源时，电容器组与系统发生了串联谐振，谐振过电压、过电流是导致本次装置故障的原因。建议：在电容器设计时一定要考虑本站的谐波背景；在投运后，需要根据电网参数及谐波变化情况，定期对并联电容器及串联电抗器参数进行验算校核，及时做出适当调整，使装置远离谐振点。

（2）对该站加装谐波在线监测装置，对本站的谐波情况进行实时监视，掌握该站的谐波数据，从而制定谐波治理方案。

（3）该站 35kVⅡ母电容器配置与Ⅰ母相同，建议将Ⅱ母所投 5%电抗器的电容器停运。

（4）通过将电抗率为 5%的电容器组更换为电抗率为 12%的电容器组，可以避免电容器组与系统发生 4 次谐波串联谐振。

第六节　其他因素引发故障

[案例一　进线电缆缺陷引发串联电抗器故障]

一、案例概况

（一）故障前运行方式

某 110kV 变电站 110kV 系统采用双母线方式运行。10kV 系统为双母线方式运行，其中Ⅱ母分段。10kV 母线均带有电容器组、母线 TV、PB、站用变压器。Ⅰ母带 1、2 号电容器，Ⅱ母Ⅰ段、Ⅱ段分别带 3、4 号电容器，均为室内布置，电容器参数如表 4-30 所示。

表 4-30　　　　　　　　　电 容 器 参 数

型号	额定电压（kV）	额定容量（kvar）	接线方式	安装位置
TBB10-3000/200-AK	10	3000	单星相电压差	1 号电容器组
TBB10-3000/200-AK	10	3000	单星相电压差	2 号电容器组
BAM11/2$\sqrt{3}$-334-1W	11/2$\sqrt{3}$	4000	单星相电压差	3 号电容器组
BAM11/2$\sqrt{3}$-334-1W	11/2$\sqrt{3}$	6000	单星相电压差	4 号电容器组

（二）故障经过

某日，变电站 10kV 1 号电容器组过电流Ⅰ段保护动作，断路器动作跳闸。检修人员赶到现场发现该电容器组串联电抗器严重烧毁。现场情况如图

4-33 所示。

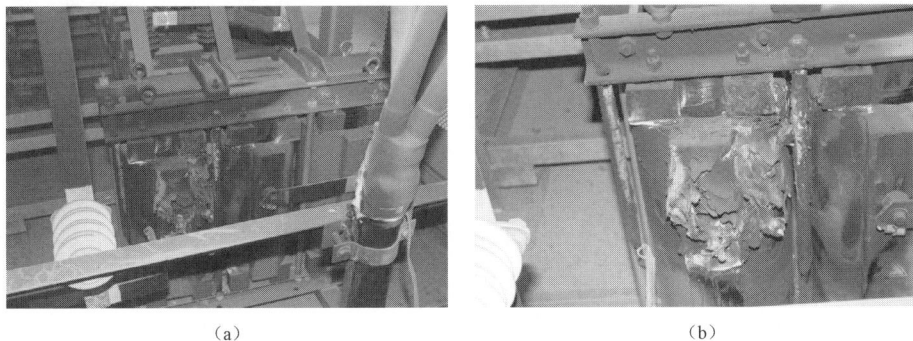

(a)　　　　　　　　　　　　　　　　(b)

图 4-33　现场情况

(a) 电抗器烧毁情况整体；(b) 电抗器烧毁情况局部

烧毁的电抗器为环氧浇注干式串联电抗器，铭牌信息如表 4-31 所示。

表 4-31　　　　　　　　　　　电 容 器 铭 牌 信 息

型号	额定电压（kV）	额定容量（kvar）	额定电抗率	耐热等级
CKSC30-12$\sqrt{3}$-1	12	30	1%	F

二、检查情况

通过检查发现，1 号电容器组串联电抗器烧毁严重，燃物散落在电抗器底部，电抗器上部接线端有不同程度烧伤，其中 A 相最为严重，本体大部分碳化。

进线电缆外护套三相分支处有放电击穿痕迹，与固定角铁连接处已被电弧燃烧碳化，情况如图 4-34 所示。

图 4-34　进线电缆放电现场情况

125

三、原因分析

从现场情况来看，A 相电抗器烧毁最为严重。而 A、C 相电抗器的烧损情况相对较轻。判断燃烧的起火点应为 A 相。现场检查在进线电缆护套处发现放电痕迹。电抗器中性点三相连接处正常情况下就连接在一起。即使三相断开，引起电弧燃烧，由于电流的流向要经过电容器、电抗器，不会引起过电流 I 段动作。故引起过电流 I 段动作跳闸的三相短路短路点应为进线电缆护套处。

综上所述，第 1 故障点应在 A 相电抗器绕组末端与铜排连接处，此处可能存在焊接不良、连接不固、绕组末端压接不牢、末端绕组制造工艺欠佳等缺陷，在投入电容器时，频繁的投切使系统产生操作过电压，接触不牢，诱使绕组末端与铜排连接处产生大电流，由于累积效应、频繁投切等因素，绕组末端与铜排连接越来越不牢固，达到一定程度，该处形成断点，此时该处将承受相当于 1.5 倍的相电压，由于电容器组内部空间狭小，易与低电位部位发生放电现象，产生的电弧相当于金属短接。由于故障点在 A 相电抗器的末端，电容器回路不会产生短路电流，电弧的持续燃烧使电抗器被烧毁，产生的高能量使柜内绝缘材质熔化，高温同时损伤了外护套的绝缘，造成进线电缆三相短路。最终导致电容器组过电流 I 段动作，断路器动作跳闸。

四、经验及建议

（1）加强设备验收和试验管理，及时发现设备存在的缺陷隐患，确保设备零缺陷投运。

（2）加强对电容器间隔内部导电部分连接部位检查，包括中性点连接铜排，保证各连接部位连接紧固。

（3）按规程规定严格巡视运行中电容器装置，检查电抗器表面是否有龟裂痕迹，包封电抗器外绝缘、绝缘子有无明显的放电等现象，加强消缺管理。

（4）加强运行并联电容器装置的红外测温工作，掌握其运行状况，对存在隐患的及时跟踪监测，缺陷及时处理，确保电容器组安全稳定运行。

［案例二 电缆载流量不足引发缺陷］

一、案例概况

（一）故障前运行方式

某 110kV 变电站 110kV 系统采用单母线运行，10kV 系统为双母线方式运行，其中一母线分段。10kV 母线均带有电容器组、母线 TV、PB，I 母和 II 母 1 段上接有站用变压器，其中某组电容器装置的容量为 4800kvar，额定电流 252A，使用 YJLV22-10-3X150 电缆进行联络。

（二）故障经过

2017 年某月，运维人员红外热像普测时发现电缆夹层中某组电容器联络电缆温度偏高，现场设备情况如图 4-35 所示。

图 4-35　现场设备情况

热像显示联络电缆温度通体偏高，最热点温度 30℃。热像分布均匀，无局部过热或梯次分布情况，不符合局部绝缘缺陷导致的发热异常热像特征，检测结果如图 4-36 所示。

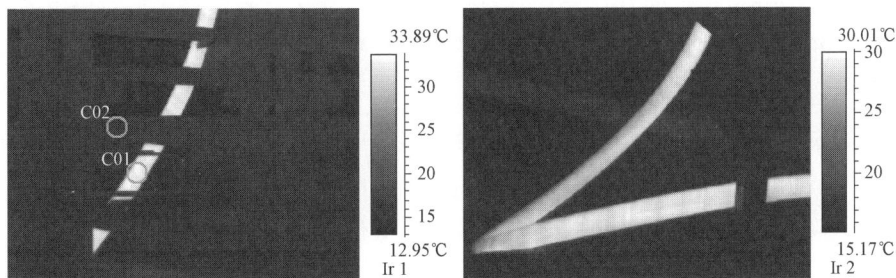

图 4-36　红外热像检测结果

二、检查情况

随后对该组电容器进行了停运，并对联络电缆进行试验，以判断是否存在其他缺陷。对联络电缆进行泄漏电流试验和耐压试验，结果均合格，排除电缆缺陷导致的发热。

三、原因分析

根据核算，该型号的交联聚乙烯铝芯电缆在工作温度 90℃，土壤环境温度 25℃的条件下，其额定载流量为 280A，大于电容器组 252A 的额定电流。但考虑现场实际条件，该型电缆敷设于电缆夹层中，空气的散热条件劣于土壤，导

127

致电缆通体发热。

四、经验及建议

建议加强前期设备参数核算，避免因设计不当引发故障。同时，加强运维避免故障进一步扩大。

［案例三　支持绝缘子引发故障］

一、故障概况

在对近期部分变电站进行红外检测时，发现某电容器支持绝缘子存在红外热像异常，情况严重者温差达 5K 以上，如图 4-37 所示。考虑到支持绝缘子并非载流元件，该发热情况为电压致热型，依据《带电设备红外诊断应用规范》（DL/T 664—2016），该缺陷定级为严重缺陷，建议尽快安排停电处理。绝缘子热像特征是以绝缘子上端部与金属法兰处为发热区的热像，符合以铁帽为中心的热像图，温度高于正常绝缘子，故障特征为低值绝缘子发热。

二、检查情况

（一）故障后检查情况

经现场检查发现，该低值绝缘子外观未发现破损、裂纹情况，可排除外损伤影响电场分布导致的发热异常。为确保设备可靠运行，检修人员对该电容器组的全部绝缘子进行了更换，并将换下的绝缘子带回进行试验研究。

（二）故障后试验情况

对换下的绝缘子使用绝缘电阻表进行绝缘电阻试验，发现绝缘子的电阻值已降低至 3MΩ，符合低值绝缘子的情况。推断应为烧制工艺不合格或运行环境恶劣导致的绝缘子端部受潮、老化。换下的低值绝缘子如图 4-38 所示。

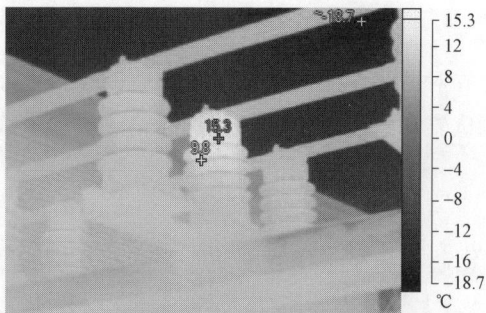

图 4-37　支持绝缘子红外热像异常图　　　图 4-38　换下的低值绝缘子

为进行进一步研究,试验人员对低值绝缘子进行交流耐压试验,结果如表 4-32 所示。

表 4-32   交流耐压试验结果

试验次数	试验电压 (kV)	泄漏电流 (A)	耐压承受时间 (s)	结果
1	40	15	40	击穿
2	30	13	25	击穿
3	20	10	20	炸裂

交流耐压试验显示绝缘子泄漏电流偏大,符合低值绝缘子特征。第三次交流耐压试验,在 20kV 电压下持续 20s 后,该低值绝缘子从中部炸裂,断口温度极高,超过 90℃。炸裂的低值绝缘子如图 4-39 所示。

图 4-39 炸裂的低值绝缘子

三、原因分析

再次对低值绝缘子进行外观检查,发现绝缘子顶部和底部的瓷体裸露在外,没有封釉,如图 4-40 所示。长时间运行使水分通过铁瓷结合部深入绝缘子内部

图 4-40 低值绝缘子顶部和底部

造成受潮。经过计算，炸裂时的电热功率约 20000W，该功率使得绝缘子端部的水分瞬间蒸发体积膨胀导致瓷件炸开。

绝缘子的发热原因主要有以下三点：①电介质在工频电压作用下激发的极化效应发热；②内部穿透性泄漏电流发热；③表面爬电泄漏电流发热。当绝缘子运行状况良好时，其发热主要为第①项；当瓷绝缘子性能劣化，或瓷件开裂，或瓷盘表面积污，均会使第②项或第③项的泄漏电流加大，发热增加，致使绝缘子温度升高。目前认为，引起绝缘子劣化主要有三个方面的原因：制造工艺控制不当、内部缺陷和运行环境变化的影响。由于制造过程中的工艺和配方等问题，容易在陶瓷内部形成微裂纹、吸湿性气孔，并可能会造成内部应力的不均衡。局部应力集中将加大微裂纹，水分通过裂纹、气相中的贯通孔侵入瓷体，吸湿性气孔为水分子提供了驻足空间。水与玻璃相发生应力诱导化学反应，从而诱发裂纹的缓慢扩展。同类型的绝缘子端部没有封釉，将极易导致内部受潮问题，更易引起上述情况。

四、经验及建议

（1）加强绝缘子出厂质量检查，杜绝由于制造过程中工艺和配方等问题造成陶瓷内部形成微裂纹、吸湿性气孔及内部应力的不均衡。

（2）应选用绝缘子端部封釉的绝缘子。

（3）在运维工作中应加强雾霾、小雨、大雾等特殊天气的巡视，尤其要提高电压致热型缺陷的敏感性，出现异常时要高度关注。

［案例四 外熔丝容量不足导致频繁故障］

一、案例概况

（一）故障前运行方式

某 110kV 变电站 110kV 系统采用双母线方式运行。10kV 系统为双母线方式运行。10kV 母线均带有电容器组、母线 TV、PB、站用变压器。Ⅰ母带 1、2 号电容器，Ⅱ母带 3、4 号电容器，电容器参数如表 4-33 所示。

表 4-33　　　　　　　　　　电 容 器 参 数

型号	额定电压 （kV）	额定容量 （kvar）	接线方式	安装位置
BFF11$\sqrt{3}$ - 5010-3W	11/$\sqrt{3}$	400	单星相电压差	1 号电容器组
BFF11$\sqrt{3}$ - 5010-3W	11/$\sqrt{3}$	400	单星相电压差	2 号电容器组
BFF11$\sqrt{3}$ - 5010-3W	11/$\sqrt{3}$	400	单星相电压差	3 号电容器组
BFF11$\sqrt{3}$ - 5010-3W	11/$\sqrt{3}$	400	单星相电压差	4 号电容器组

现场电容器为室内平面布置，共分两排，呈 5+4 排列，每相 3 只，电容器本体为 EX-7L 型。现场设备情况如图 4-41 所示。

图 4-41 现场设备情况

（二）故障经过

某日，该变电站 4 号电容器装置相电压差动保护动作。事后经停电检查，4 号电容器装置 B 相第 1 支电容器组熔断器熔丝熔断。

二、检查情况

（一）故障后检查情况

经现场检查发现，熔断器熔断的 B 相第 1 只电容器外观完好，套管无损坏、无渗漏油，器身未见鼓肚、破裂。

（二）故障后试验情况

试验人员对电容器的电容值进行了测量，实测值为 32.4μF，铭牌标称值为 32.12μF。在更换了熔丝后，对电容器装置的 A、B、C 三相电容值分别进行了测量，分别为 A 相 96.4μF、B 相 96.3μF、C 相 96.1μF，误差满足要求。同时使用绝缘电阻表对电容器组的电抗器、放电线圈、避雷器进行了绝缘电阻试验，绝缘电阻值均大于 5000MΩ，绝缘良好。故障后试验现场图如图 4-42 所示。

（三）熔丝更换后情况

检查结果显示电容器无内、外部故障，更换熔丝并进行试验后，确定绝缘情况良好，具备送电条件，在操作后电容器室发生巨响。停电检查发现更换后的 B 相第 1 只电容器熔断器熔丝再次熔断。

（四）熔丝参数核算

对更换的熔丝参数进行检查，发现所更换的熔丝额定电流为 50A，而发生熔断的电容器单只电容器容量 400kvar，额定电压 6.35kV。

根据《并联电容器设计规范》（GB/T 50227—2017）第 5.4.2 条"用于单台电容器保护的外熔断器熔丝额定电流，可按电容器额定电流的 1.37～1.50 倍

131

选择"。

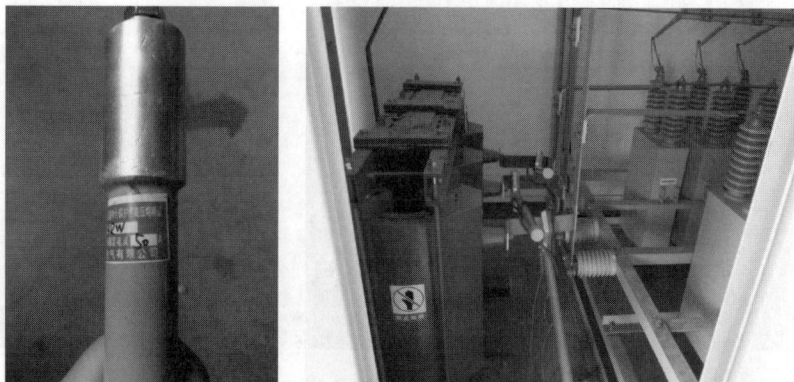

图 4-42　故障后试验现场图

因此熔断器的额定电流应不小于

$$I_d=(1.37\sim1.50)S/U=(1.37\sim1.50)\times400\times6.35=86.31\sim94.5（A）$$

三、原因分析

高压并联电容器保护用外熔断器熔丝是并联电容器装置中的主要保护手段之一，它具有结构简单、体积小、价格便宜、维护方便、保护动作可靠和消除短路故障时间短等优点，但只有在参数选择合理，使其自身电阻、弹簧拉力、动作时间、预期电流等重要因素合理配合，才能发挥保护作用，否则极易容易引发熔断器的群爆、误动、拒动。

我国 10kV 电网是中性点不接地系统，接入系统中的电容器组中性点电位是悬浮的，熔丝的熔断会切除相应的电容器，造成对应相电容量的减少和三相电容量的不平衡，从而导致中性点电压偏移和故障相电压升高，会对其他熔丝的保护灵敏度产生影响。

本案例中，由于在参数选择时未进行有效核算，熔丝与电容器不匹配，熔丝额定电流不满足电容器运行要求，投切瞬间引发熔断。

四、经验及建议

（1）加强设备选型规范性，对外熔丝参数进行有效核算，避免出现熔丝与电容器不匹配，熔丝额定电流不满足电容器运行要求的情况。

（2）在设备运维及检修过程中，对于频繁发生熔断情况的电容器，应着重核查外熔丝参数。

第五章　并联电容器的发热与监测

电力电容器在运行或投切过程中发生的故障主要有电容器发热、漏油、绝缘不良、过电压及外力因素的破坏、温度因素、熔断器熔断、材料引起、杂质引起、水分引起、电感引起等。其中，因发热引起的电容器故障在所有故障中占比较大。

第一节　连接件发热对电容器发热的影响

一、连接点发热原因

设备发热是由电流流过导体的焦耳效应产生的，由 $Q = I^2Rt$ 可知，电流通过导体产生的热量 Q 与电流 I 的平方、导体电阻 R 和通电时间 t 成正比，且伴随热量的产生，导体的温度又会随着上升。

连接点常见的发热原因包括：

（1）材质问题：电容器软铜线压接锁扣材质为黄铜，电导率偏小；铜接线端子面积过小，采用单螺栓孔固定连接，导致铜接线端子与铝排的有效接触面积减少。

（2）连接螺栓紧固力度不足。在电容器组安装中，由于连接螺栓的数量较多，容易出现连接螺栓未紧固或紧固力度不足等现象，导致接触不良，在运行时容易发热。根据有关技术条件规定，载流导体上的每个连接螺栓应使用力矩扳手紧固。

（3）铜-铝连接点出现氧化锈蚀。当室外恶劣的运行条件使连接头处螺栓锈蚀，室外灰尘、雨水渗入电容器与汇流排连接头，加速接触面的氧化；设备振动等造成连接头线夹螺栓松动，处理时应对连接点用锉刀及砂纸将铜排及铝软线上的氧化物进行清理，同时为避免铜-铝直接连接应加装铜铝过渡片。

（4）端子连接时，接触面应涂电力复合脂而不应采用中性凡士林。电力复合脂滴点温度高，且含有导电的金属填料，导电性能好，有缓解铜铝导体连接时的电化腐蚀作用，在相同的接触压力下，采用电力复合脂比使用中性凡士林的接头接触电阻小一些。电容器故障统计见图5-1。

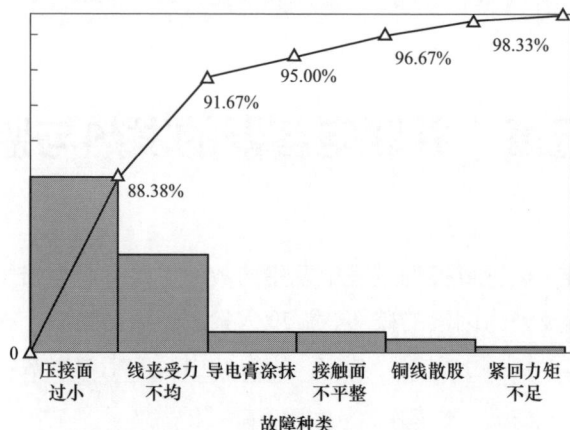

图 5-1　电容器故障统计

有现场人员对电容器常见故障进行统计，发现可将现场故障主要原因归为汇流母排处哈夫线夹压接力度不均和单体电容器与线夹接触面过小所致，而非由于安装工艺不佳造成，故对于连接件发热问题的解决将很大限度地解决电容器发热问题。

二、记忆合金材料解决电容器发热

（1）记忆合金材料。1932 年，一个叫奥兰德的人在一种合金当中，首次观察到了"记忆"这样一种效应，他发现合金的形状被改变以后，当又被加热到一定温度的时候，这种合金就魔术般的变回到原来的形状。后来就把这种具有特殊功能的合金称为形状记忆合金。

（2）记忆合金材料解决电容器发热原理电力设备在带负荷运行的过程中会产生接头发热的问题。除了消耗能源以外，发热到一定程度还可能把接头烧坏，带来安全事故。这种接头发热的原因，可能是线路的过载、接头的氧化腐蚀或安装和检修的不规范。另外，由于电网频率维持在 50Hz，这样低频率的振动，常规的固定螺栓在 50Hz 低频的振动下也容易松脱，带来接头的松动和发热，但根本的原因是因为接触电阻变大了，发热变严重了。电力的接头，每年消耗的电能和接头发热带来的安全隐患的比例是非常高的。我们一般在解决接头发热问题时，采用增大导线的截面、增大有效的接触面积等方法，总的说来，是通过减少接触电阻来减少接头的发热，节约能源，保证安全。

如何利用形状记忆合金的特性来降低接头的接触电阻，减少发热。如图 5-2 所示，当把记忆合金垫片装在接头上，然后压平。如果接头发热，松动了，这个接头的温度升高，那么记忆合金的开口垫片会产生形变。这种形变就会把连接的界面压紧，产生比较大的压紧力，使接触电阻下降来减少发热的现象。

图 5-2　开口记忆合金垫片

　　除开口垫片外，也存在记忆合金的蝶形垫片，如图 5-3 所示，可以把它压平，加热以后它会变形，会拱起来。一个普通的垫片和一个记忆合金的垫片，它的差异就在于由于接头的松动，不管什么原因造成的松动，如果是个普通的垫片，它发热越来越严重，温度高到一定程度，普通的垫片还会失去弹力，这是恶性循环，越发热接触电阻越大，越松动。但是记忆合金垫片出现连接松动的这种情况，发热后垫片形变，它把两个界面给压紧了，使接触电阻下降，从而使得发热减轻了。

图 5-3　蝶形记忆合金垫片

　　图 5-4 为安装示意图，实际在安装的时候，不可能会出现连接面这么大的松动。记忆合金垫片在安装的时候，是把它压平、压紧的。温度高了以后，它产生形变的时候，垫片是不变的，但是弹力存在，弹力加在两个连接的界面上，使得界面的接触压力变大，接触电阻减少，同样能很好地起到降低接触电阻 R 减少发热的效果。

　　（3）记忆合金解决电容器发热实际案例。220kV 某变电站 2011 年新装 6 组电容器，其设备型号相同，设备导流面有一定程度锈蚀。6 组电容器投运至 2013 年 6 月时，发生热缺陷两起，其中一起导致连接部位铝排熔断，设备被迫退出运行；另一起是运行人员测温发现存在严重发热缺陷，已停运待处理。

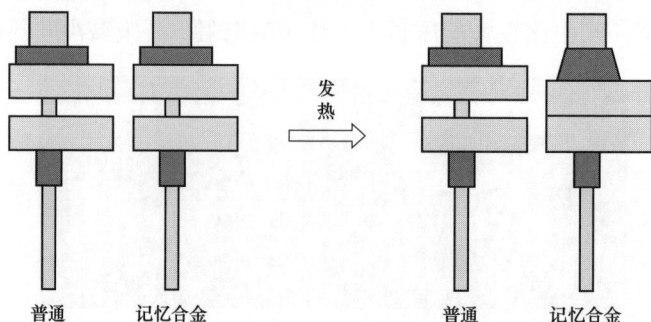

图 5-4　记忆合金垫片安装示意图

工作人员对现场情况进行分析后发现引起发热的原因包括长期裸露的环境原因、正压力方向变化原因、电化学腐蚀原因和接触面粗糙原因。选取电容器母排发热概率较高的四点，测试记录正常运行时发热点温度，停电后测试接触电阻并记录。拆开接线端子，用锉刀把接线端子接触面不平的地方和毛刺锉掉，使接触面平整光洁；用砂皮纸刷除表面氧化膜；在接头表面涂 0.05～0.1mm 厚的导电膏，并轻轻抹平。安装记忆合金智能垫片，并用力矩扳手依据螺栓紧固标准拧紧螺栓，测试接触电阻并记录。通电后每隔一定时间测量负载电流及温度，当温度达到稳定状态时记录测温数据。

实际应用效果表面，形状记忆合金智能垫片对于不同部位的搭接面随温度变化均有一定的抑制发热能力，而且接头温度越高，抑制发热能力越强。在紧固力矩能够满足各规格螺栓紧固力矩要求的情况下，在软铜线与铝排搭接面处接头温度为 53～59℃时，即记忆合金垫片的初始形变温度附近，在安装 120min 以后，测得采用记忆合金垫片的接头温度比传统弹簧垫圈接头温度下降 5～6℃，接触电阻平均下降了 2μΩ。所以，形状记忆合金智能垫片抑制发热作用较明显，在节约电能方面效果显著。

第二节　电力系统谐波对电容器发热的影响

一、电网谐波现状

电力系统中的谐波电流一般以 5、7 次较大，11、13 次次之，3 次并不严重。近年来电网谐波呈上升趋势的原因是多方面的，可大体归纳为两个方面：一是非线性负荷逐年增多，二是电容器组对谐波的放大和谐振使谐波进一步上升。

二、谐波对电容器的影响

（1）电容器由于谐波电流而过载，因为电容器的容抗随着频率的升高而减小，这使得电容器成为谐波的吸收点。同时，谐波电压产生的谐波电流会引起电容器熔丝熔断。

（2）谐波往往会使介质损耗增加，其直接后果是使电容器组的功率损耗增加、温升加剧、发热量增加、使用寿命缩短。

（3）谐波会使电容器内部振动损坏。谐波在电网中是以谐波电流的形式存在的，当谐波电流存在于电路中时就会产生谐波电压，当过电压和过电流施加在电容器上时，电容器内部就会产生相比于正常情况下大很多的机械振动。这些机械振动会直接作用于外壳与连接线、作用于外壳与介质，也会作用于两极板之间的弹性振动，产生的振动会造成电容内部产生气体，内部游离电荷增多，使电容器内部结构遭到破坏，影响补偿电容器的正常使用。

（4）电容器有可能与电网中的电感结合，对某一谐波频率构成并联谐振，或使谐波被严重放大，最终的电压会大大高于电压额定值，谐波电压的出现会使补偿电容器两端的电压增大，当电容器两端电压升高时，电容器过载运行，也会加快绝缘介质的热老化速率。当电容器的两端电压超出其承受能力时，会出现电容器内部局部放电和频率加剧，会对电容器造成永久性的绝缘介质损坏，影响电容器的正常使用。电容器还有可能与电网中的电感结合，对某一谐波频率构成串联谐振电路，造成电容器谐波电流过载，导致电容器的损坏。

三、谐波对电容器发热的影响

（1）泄漏电流。电容器中电介质的电导率不可能绝对为零，当电容器两极加上一定电压时，两极板间必定存在一定的泄漏电流。而交流电源的变化过程可视为外接电源对电容器做功的过程，电流源做功使电容器内能增加，根据热力学知识，当外接的电压为交变电压且频率较高，则产生的热量还将与频率有关，在同样的电流作用下，频率越高，产生的热量越大。

电容器中电介质漏电电阻大小不但与材料有关，还与使用温度有关，即电介质的电导率是随温度增加而上升的。这样电容器在工作时，如果产生的热量不能及时散发，其温度必然上升，温度的上升又会导致电介质导电率上升，引起泄漏电流的增大，如此形成恶性循环，最终因热击穿而导致电容器损坏。此外，随着使用时间的增加，由于电介质老化使导电率增大，也会导致泄漏电流增大。在有泄漏电流的情况下，电容器产生的热量与电容器两端电压的平方成正比，与电介质的漏电电阻成反比（即与电介质的电导率成正比，而不是与电介质的介电常数随温度的变化率成比），与通电时间成正比。

（2）位移电流。对于聚能薄膜为介质的理想电容器，其不受泄漏电流影响但依然有发热现象，原因在于电容器频率较高时电介质的极化强度随电场变化而不断地变化，导致电介质产生位移电流，因而产生热效应。

（3）电容器对谐波放大作用。为了补偿负载的无功功率，提高功率因数，常在负载处装有并联电容器。在工频频率的情况下，这些电容器的容抗比系统的感抗大得多，不会产生谐振。但对谐波频率而言，系统的感抗大大增加，而容抗大大减少，就可以产生并联谐振或串联谐振，使谐波电流放大。放大的谐波作用于电容器上，将会使热效应加剧，使电容器进一步温度升高。

第三节　运行环境对电容器的影响

一、概述

高压并联电容器的实际使用寿命很大程度上取决于他的运行条件。其中高压并联电容器运行温度是影响其老化速度致使电容量变化的重要因素，由于高压并联电容器内部运行最高温度无法直接测量，所以选取外壳测温点对其进行测量；对高压并联电容器安装运行地点的环境温度相关标准也有明确的规定，高压并联电容器应安装在与其温度类别相适应的地区。当高压并联电容器外壳的温度发生变化时，还要根据不同温度变化分为不同等级的告警，进行不同等级的处理。高压并联电容器的电容量发生变化时，相关规定也根据不同的电容值变化量提出了相应的处理措施。通过高压并联电容器在线监测系统，对高压并联电容器运行状态进行监测，收集高压并联电容器运行时的电流、电压、电容和外壳温度等数据，根据收集到的数据进行分析处理，初步探讨了环境温度对运行状态下的高压并联电容器的影响。

二、温度信号监测

温度传感器作为高压并联电容器温度的采集终端，采用一体化结构，传感器的 1 个侧面用于检测温度。温度传感器安装在电容器测温点处，测温点处是指电容器外壳中心线距底 2/3 高度处。温度传感器实时准确监测高压并联电容器温度，并定时通过无线局域网向监测主机发送监测温度数据。

经验表明，环境温度（气温）对高压并联电容器的运行状态有一定影响：其电容量变化趋势与气温变化趋势相反，因此，在采用参考电容量的相对变化来评定电容器状态时，应该考虑对实测电容量进行温度修正。通风、光照等环境条件对电容器壳体温度具有一定影响。通风能够有效降低电容器壳体温度，电容器组布置时要考虑通风因素。日照使电容器壳体温度明显升高，对于户外变电站应充分考虑日照因素造成的电容器壳体温度升高，并尽量消除其影响。

第四节 电容器故障的在线监测

一、概述

目前变电站大量使用并联电容器组补偿电力系统容性无功功率，其安全运行对于整个电力系统的稳定、正常供电起着非常重要的作用。近年来并联电容器组及其无功补偿装置在日常运行中常出现电容器损坏的现象，电容器装置故障率偏高，并多次发生群爆群伤故障，推测其可能性原因主要有厂家的电容器产品质量，电容器组装置在其投切时易出现的操作过电压，过电压倍数可能过大会对电容器组的运行产生累积损坏效应，在投入运行时也会产生较大的合闸涌流，同时非线性负荷的增加导致谐波分量的增长，谐波分量在电容器投切时可能存在着不同程度的放大，而电容器组的频繁操作也会对电容器的运行产生一定的损坏效应，这些因素都有可能造成电容器损坏故障。

电力电容器在线事故统计表明，电容器温升变化是电力电容器故障最常见的初征兆之一。目前国内尚无成熟的电容器故障在线监测、诊断、预警系统应用于生产。基于此，本节针对 10kV 框架式电容器组，提出了一种基于电容器表面温升变化的方法在线监测电力电容器运行状况，实现对电力电容器故障在线诊断及预警。

每个单台电容器设置熔断器保护，由于熔断器质量原因、选型不当或电容器内部元件放电，熔断器发生故障熔断甚至炸裂，进而可能引起群爆故障。目前随着加工工艺的提高，做好设计选型工作，熔断器熔断的主要原因是电容器故障引起。除此之外，还有过电压、过电流、谐波、环境温度过高及老化等因素造成电容器损坏，其损坏过程将表现为电容器温度的渐变过程。通过研发电容温升在线监测、诊断告警技术，可以提前预警并更换故障电容，避免熔断器熔断。防止发生电容群爆故障。

二、电容器组故障监测方法

1. 基于温度的故障诊断

电力系统的绝大多数设备故障和异常，最初都伴随着局部或整体的过热或温度分布相对异常。因而通过检测设备温升，能准确判断电容器是否发生故障。如果环境温度过高，则影响运行寿命，故环境温度也需作为告警参数之一监测。

温度越限报警整定原则如下：

（1）电容器室环境温度要求小于 40℃（按运行规程要求整定）。

（2）在 20～30℃ 的环境温度下（电容器室已安装空调，环境温度一般为

25℃），电容温升报警设置为 8℃（现场实际运行的电容最大温升数据小于 4℃，温度告警值按其 2 倍整定）。

本监测装置综合电容值故障诊断以及温度故障诊断，实现了电容器电容量、电容器外壳温度及环境温度在线监测、诊断及预警功能，提醒运行人员及时更换故障电容和改善电容运行环境温度，提高了电容器组运行可靠性。

2. 测温单元

温度作为电容器故障在线监测的主要参数，快速、可靠地采集到工业现场中的高精度温度数据可以为电容器故障提供可靠依据。传统方法多以热电阻和热电偶等为温度敏感元件，但都存在可靠性差，准确度和精度低的缺点。由这些温度传感器构成的温度测控系统大多存在两大缺点：其一，需要大量的连线才能把现场传感器的信号送到采集卡上，布线施工麻烦，成本也高；其二，线路上传送的是模拟信号，易受干扰和损耗。DS18B20 温度传感器是美国DALLAS 半导体公司继 DS1820 之后推出的一种改进型智能温度传感器，其测温范围为–55～+125℃，分辨率最大可达 0.0625℃。DS18B20 可以直接读出被测温度值，在检测点已把被测信号数字化，因此在单总线上传送的是数字信号，这使得系统的抗干扰性好、可靠性高、传输距离远。而且采用 3 线制与单片机相连，减少了外部硬件电路，具有低成本和易使用的特点。基于 DS18B20 测温单元结构如图 5-5 所示。

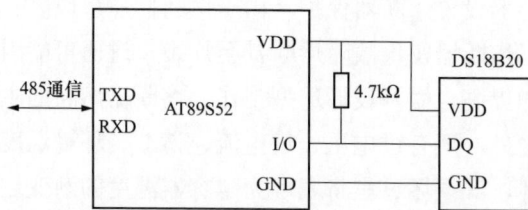

图 5-5　基于 DS18B20 测温单元结构

测温单元主要由 AT89S52 单片机、DS18B20 数字温度传感器、通信电路等部分组成。温度传感器 DS18B20 将被测环境温度转化成带符号的数字信号，输出脚 DQ 直接与单片机的 I/O 引脚相连，并接上 4.7kΩ 的上拉电阻，为传感器提供电源供电。AT89S52 单片机与 DS18B20 传感器通信程序按照 DS18B20 的通信协议编制。系统的工作是在程序控制下，完成对传感器的读写，同时通信部分按 RS485 协议编写，然后通过 RS485 转 TCP/IP 转换模块，通过局域网实现与工控机通信，并且对温度进行显示。

这种监测方法可以实现电容器电容量在线监测及越限报警功能；实现电容

器本体温度在线监测及温升越限报警功能；实现环境温度在线监测及越限报警功能。

第五节 不拆引线测电容量

目前大多数单位采用数字电容表和电压电流法测量电容器电容值。数字电容表一般采用内置电池作为电源输出电压，因此电压低且容易受电池电量的影响，造成测量不准而导致故障检出率低。另外由于电容器的残余电荷作用使仪器经常损坏。而电压电流法无法区分电容器的阻性和容性分量，设备笨重、接线重复，效率极低。上述现场测量方法均要求拆除电容器连接线，不仅工作量、工作强度大，而且极易损伤电容套管。

不拆引线快速测试原理如图 5-6 所示，采用桥式电路结构，标准电容器 C_N 和被试电容器 C_X 作为桥式电路的两臂。当进行电容器电容值测量时，测试电压同时施加在标准电容器 C_N 和被试电容器 C_X 上，被试电容器 C_X 上的电流 I_X 由移动电流传感器（高精度钳形表）获得，处理器通过传感器同时采集流过两者的电流信号幅值和相位。经过 A/D 转换，将数字信号送到 CPU 处理器，对它们进行处理，得到被试电容器的电容值和阻性分量。

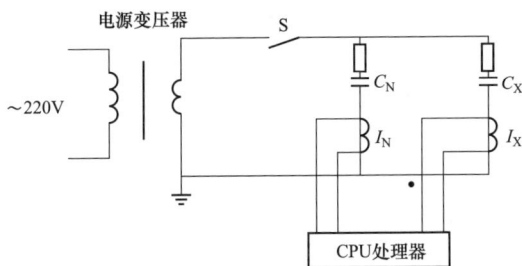

图 5-6 不拆引线快速测试原理图

电容器组是电力系统重要设备，及时查找并排除电容器故障将有效提高电力系统稳定性。采用不拆引线快速测试法既可测量整组电容器的电容，又能测量单台电容器的电容，尤其在电容器组出现故障的情况下，既不用拆搭引线，又能快速地查找出故障电容器，极大地提高了工作效率，降低了职工的劳动强度，具有很强的实用性。

第六章 并联电容器装置运行可靠性分析

本章以某公司近一年来并联电容器装置缺陷情况的统计分析为出发点，总结事故案例，提出在投前验收、运维管理及检修维护阶段的注意事项或给出运检建议，以期减少设备运行缺陷，提高设备安全、可靠运行水平。

第一节 概　　述

一、某公司并联电容器装置运行概况

公司在运并联电容器装置 594 组，国产率达 89.2%。其中 35kV 电压等级 16 组，占比 2.7%；10kV 电压等级 568 组，占比 95.6%；6kV 电压等级 10 组，占比 1.7%。按类型划分，框架式 580 组，占比 97.6%；集合式 14 组，占比 2.4%。2017 年 9 月至 2018 年 8 月，并联电容器装置累计发生处理缺陷 179 台次，其中危急缺陷占比 15.7%、严重缺陷占比 58.2%、一般缺陷占比 26.7。度夏度冬等高峰负荷期间缺陷发生率占全部缺陷的 87.2%。

二、某公司并联电容器缺陷统计情况

1. 按缺陷部件统计

并联电容器装置主要由开关设备、串联电抗器、避雷器、放电线圈、电力电容器、支持绝缘子、导流部件，以及保护装置及其二次回路等构成。按缺陷部件划分，电力电容器发生缺陷 92 台次，占比 51.4%；开关设备缺陷 3 台次，占比 1.7%；串联电抗器缺陷 12 台次，占比 6.7%；放电线圈缺陷 6 台次，占比 3.4%；导流部件缺陷 62 台次，占比 34.6%；保护装置类缺陷 4 台次，占比 2.2%。可以看出电力电容器、串联电抗器及导流部件三者占比 94.4%，应给予重点关注。

2. 按运行年限统计

运行 5 年内缺陷 28 台次，占比 15.6%；5 年以上 10 年以内的缺陷 48 台次，占比 26.8%；10 年以上的缺陷 103 台次，占比 57.5%。其中，运行 5 年内缺陷主要是设备选型不匹配、安装工艺控制不佳等造成的，10 年以上的主要是设备老化、运行维护不善导致的。因此，应重点加强运行 10 年以上的设备检修维护，

同时严格可研初设审查与投运前设备验收，避免因盲目套图或套用典型设计等引发的设计缺陷影响并联电容器装置后期可靠运行。

三、某公司并联电容器缺陷类型分析

1. 参数匹配类缺陷

统计范围内，并联电容器装置参数匹配类缺陷 21 起，占比 11.7%。主要有电容器单元保护用外熔断器额定电流偏小造成频繁熔断或偏大起不到保护作用；串联电抗器的额定电抗率选择不当，致使不能有效限制合闸涌流或抑制谐波电流、影响电容器运行寿命；导流部件截面设计偏小，投运后发热缺陷增多。

2. 设备发热类缺陷

设备发热类缺陷 92 起，占比 51.4%。主要集中于导体截面不足或紧固件施工力矩不足引起发热；隔离开关导电回路触头、线夹、接线板及软连接等部分检修维护不善或机械磨损造成接触不良等，使得接触面接触电阻增大；串联电抗器引线端子与铝质汇流母排、电容器单元用铜绞线与铝质汇流母排等存在铜铝对接未使用铜铝过渡片，产生原电池反应，增大接触面接触电阻引起发热。

3. 密封类缺陷

密封类缺陷 8 起，占比 4.5%。这部分缺陷主要集中于集合式电容器漏油、电容器单元套管压装工艺不良或绝缘垫圈老化导致漏油，油浸式放电线圈密封不严导致渗漏油，以及避雷器计数器密封不严、进水受潮。

4. 机械部件类缺陷

机械部件类缺陷 4 起，占比 2.2%。主要有开关设备操动机构卡涩、不灵活，支持绝缘子瓷柱断裂、破损，联络电缆绝缘击穿等缺陷。

5. 试验分析类缺陷

这类缺陷 52 起，占比 29.1%。主要集中在开关设备回路电阻超标，电容器单元电容量变化或三相不平衡，避雷器 1mA 直流电压或直流 1mA 电压下泄漏电流不合格，串联电抗器电抗值、直流电阻超标准等缺陷。

6. 其他类缺陷

其他类缺陷 2 起，占比 1.1%，有异物窜入等。

第二节　设备投运前验收要求的影响

一、断路器选型及性能要求

1. 故障案例简述

案例 1：某新建 220kV 变电站，10kV 系统共计 45 面开关柜，带用户负荷，

设计有 8 组单组容量 8016kvar 框架式并联电容器装置。断路器使用某型号真空断路器，在投运前进行投、切电容器组试验时，产生操作过电压而造成 5 组电容器损坏。组织技术分析，怀疑断路器重投切时重击穿所致，后经厂家高压大电流老炼试验处理，恢复正常性能。

案例 2：某运行十余年的 110kV 变电站，站内设计 4 组并联电容器装置。度夏伊始，因电压调整需要一周内并联电容器装置频繁投切，不到一周内电容器组不平衡频繁动作。经试验检查发现，断路器合闸弹跳时间超过 2ms。

2. 原因分析

（1）目前，并联电容器装置用断路器以真空断路器为主，在投、切容性电流的时候，如果真空泡内残存金属杂质，可能会造成断路器分闸重燃，从而产生过电压，会引起电容器损坏。

（2）真空断路器一般采用弹簧操动结构，经过长时间运行或多次分合操作而不及时进行调整时，其操动性能也会下降，极易产生复燃或重燃，从而产生过电压，也会引起电容器的损坏。

3. 相关规定

《国家电网有限公司十八项电网重大反事故措施（2018 年修订版）》中规定：

（1）加强电容器装置用断路器（包括符合开关等其他投切装置）的选型管理工作。所选用的断路器型式试验项目必须包含投切电容器组试验。断路器必须为适合频繁操作且开断时重燃率极低的产品。如选用真空断路器，则应在出厂前进行高压大电流老炼处理，厂家应提供断路器整体老炼试验报告。

（2）交接和大修后应对真空断路器的合闸弹跳和分闸反弹进行检测。12kV 真空断路器合闸弹跳时间应小于 2ms，40.5kV 真空断路器小于 3ms；分闸反弹应小于短路间距的 20%。一旦发现断路器弹跳、反弹过大，应及时调整。

4. 运检要求

（1）断路器选用 C2-M2 级，是在型式试验中适合频繁操作且开断时重燃率极低的产品。绝对不重燃的断路器不存在重燃率极低仍有一定的重燃概率。考虑到型式试验仅对厂家送检的样机进行，试验结果也仅对样机负责，并不能保证所有厂家所有批次供应给用户的产品都进行送检且性能不低于送检样机，因此并联电容器装置用断路器在验收时应加强型式试验验收，确保断路器性能。

（2）如上所述，C2 级断路器仍有重燃概率，而且概率大小与真空泡内金属杂质量有关。高压大电流老炼试验能有效烧蚀真空泡内金属碎屑、尖端，同时提升触头表面性能，而且有实践经验表明，经老炼试验的 C2 级断路器容性开断性能更加优越。因此,为提升并联电容器装置用断路器性能,除选用 C2 级断路器外,出厂时要求厂家必须进行高压大电流老炼试验,厂家应提供断路器整体老炼试验报告。

(3)提高并联电容器装置用断路器监督标准。在《输变电设备状态检修试验规程》(Q/GDW 1168—2013)中 10kV 真空断路器进行例行巡视、试验项目基础上,条件允许时并联电容器装置用断路器宜增加合闸弹跳与分闸反弹检测,同时加强真空断路器巡视及检修工作,特别是对于操动机构的维护。

二、串联电抗器参数的确定

1. 故障案例简述

案例 1:某 110kV 变电站主变压器增容技改工程,两台主变压器容量由 50MVA 增至 63MVA,4 组并联电容器装置由 2400kvar 增至 4800kvar,电抗率为 1%保持不变。其中 1 号主变压器、10kV I 段母线及 1 号与 2 号电容器先期实施,投运时并联电容器装置内电抗率存在异响、有明显啸叫声,噪声 78dB,设备被迫停运。分析原因系电抗器质量不佳或系统谐波造成。更换电抗率为 5%的电抗器后,设备运行正常。

案例 2:某新建 220kV 变电站,站内共有 6 组、单组容量 8016kvar 框架式并联电容器装置,额定电抗率设计为 5%。其中 1~3 号接入 10kV I 段母线,4~6 号接入 10kV II 母 I 段与 II 母 II 段母线(两段并列运行),分别装设在二楼、三楼。由于该站位于居民中心,运行不到一年,居民频繁投诉噪声过大。不得已计划全部更换为 1%的电抗器,更换工作结束后,投运不到一个月,4~6 号电容器不平衡动作多达 7 次,每次检查各有数量不等电容器损坏,而 1~3 号却运行平稳。经技术分析,怀疑原因有:①质量问题;②系统谐波所致。后单只返厂解体检修并组织开展谐波测试,发现产品质量符合国标要求,但系统中存在 5 次、7 次谐波,再次更换为 5%电抗率的电抗器后,设备运行稳定。

案例 3:某在运 110kV 变电站,站内共有 3 台主变压器,各配 2 组、单组,3006kvar、配套 5%串联电抗器的并联电容器装置。运行约 8 年后,其中 5、6 号电容器组(与另外 4 组属不同厂家产品)内电抗器发出清脆的"嗯嗯"声。分析可能是铁芯、线圈紧固件松动或铁芯磁密设计问题。停电紧固处理后,噪声未见明显减小。更换电抗器后,噪声恢复正常。

2. 原因分析

(1)并联电容器装置用串联电抗器肩负限制合闸涌流及抑制谐波的作用,其额定电抗率选择及主要性能对保证其及整个并联电容器装置的安全稳定运行至关重要。

（2）当电抗器额定电抗率选择不当时，不仅不能抑制谐波，反而会从系统中吸收谐波，严重时产生谐振损坏设备。案例 1 中，选用 1%电抗率的串联电抗器时，声音异常可能是电容器支路吸收谐波，谐波电流在磁回路中励磁产生啸叫声。更换为 5%的串联电抗器后，抑制 5、7 次谐波流入电容器支路，此时流进电抗器励磁回路的主要为基波分量，声音恢复正常。案例 2 中，声音异常是同样问题，吸收的谐波电流使电容器过载，导致电容器频繁损坏。

（3）案例 3 中，串联电抗器在运行数年后出现异常声响，对于因紧固件松动造成的，工程上尚能停电处理；对于设计原因导致的，仅能返厂处理，需要把好投运前特别是出厂验收关，避免不良设备进入电网，影响供电可靠性。

3. 相关规定

《并联电容器装置设计规范》（GB 50227—2017）规定，串联电抗器额定电抗率的选择，应根据电网背景谐波情况及电容器参数经相关计算分析确定，取值范围应满足以下规定：

（1）当电网中谐波含量较少时，通常不含有 11 次及以下的谐波，电抗率可选得比较小，一般为 0.1%～1%。

（2）当电网中谐波不可忽视时，应考虑利用电抗器来抑制谐波。此时电抗率配置原则是使电容器组接入处的综合谐波阻抗呈感性。当谐波为 5 次及以上时，电抗率宜取 5%；当谐波为 3 次及以上时，电抗率宜取 12%，也可采用 5%与 12%两种电抗率混装方式。

4. 运检要求

（1）串联电抗器的参数选择，对后期并联电容器组的运行至关重要。电网负荷是动态变化的，无论是技改工程还是新建工程，串联电抗器的额定电抗率应根据实测或估算的电网背景谐波经相关计算分析确定。保守时可选用较大的额定电抗器，这样经济性稍差。

（2）在并联电容器装置投运时，可进行谐波测试，以检验串联电抗器的选型效果。特别是对于仅限制合闸涌流的额定电抗率为 1%的串联电抗器设计。

（3）对于运行中配套 1%电抗率的并联电容器装置，应定期进行谐波测试，避免因负荷类型变化导致参数不合适引起的设备损坏。特别是带有六脉整流等工业负荷设备。

（4）加强串联电抗器出厂验收工作。电网用并联电容器装置一般有电容器厂家中标供应，而电容器厂家通常不生产串联电抗器，往往通过外委采购。建议加强串联电抗器电抗值额定容许偏差、损耗、温升等性能验收。

三、串联电抗器基础形式的影响

1. 故障案例简述

案例 1：某 110kV 变电站，带电检测班在进行红外热成像检测时，发现并联电容器装置内串联干式电抗器线圈底部靠近底座处温升异常。停电试验检查，绕组电阻及绕组绝缘电阻均符合规程要求。现场检查发现，干式电抗器安装时由于器身底座与土建基础不匹配，安装工人在土建基础两端焊接槽钢，然后将电抗器器身装于槽钢上，这样电抗器底座通过加装的槽钢及土建基础形成磁路闭环，可能是涡流发热引起。

案例 2：某 220kV 变电站，运维值班人员巡视中发现某组并联电容器装置内干式电抗器着火，随即申请停电通知检修人员并用干粉灭火器灭火。检修人员到达现场后，火势已得到控制。现场检查发现，干式电抗器设备器身与土建基础不匹配，安装时另采用槽钢辅助。

2. 原因分析

（1）观察可发现，干式电抗器在设计时各紧固件、拉紧螺杆等均通过加装环氧树脂垫片或采用非导磁螺栓等避免构成闭合磁路。上述两起事故的干式串联电抗器在安装时都对土建基础进行改动，通过基础等形成闭合磁路，事故可能系环流引起发热所致。

（2）电抗器运行过程中的铁芯损耗、线圈损耗、气隙损耗、杂散损耗等构成其有功损耗。损耗消耗电能、发热影响设备使用寿命，也可能导致事故的发生。

3. 相关规定

《并联电容器装置设计规范》（GB 50227—2017）规定，干式空芯串联电抗器布置与安装时，应满足防电磁感应要求。电抗器对其四周不形成闭合回路的铁磁性金属构件的最小距离以及电抗器相互之间的最小中心距离有一定要求。干式空芯串联电抗器支撑绝缘子的金属底座接地线，应采用放射形或开口环形。干式空芯串联电抗器组装的零部件，宜采用非导磁的不锈钢螺栓连接。对于干式铁芯电抗器未明确要求。

4. 运检要求

（1）加强铁芯叠装工艺验收。并联电容器装置用串联电抗器的铁芯柱是带间隙的铁芯饼叠装而成，一旦矽钢片表面不平整、出现变形、毛刺、缺损或绑扎不牢固、铁芯绝缘不佳时都会影响设备质量。

（2）加强电抗器损耗及温升性能验收。提升设备耐受性能，避免因损耗过大产热影响设备使用寿命，严重时引起故障。

（3）加强电抗器基础设计及安装验收，避免形成闭合磁路。

四、减少单台大容量保护选用外熔断器与继电保护配合

1. 故障案例简述

案例1：某在运220kV变电站，3号电容器组户外安装，采用单只500kvar、整组7500kvar、配电抗率12%串联电抗器，选用外熔断器与开口三角形配合保护方式。因报不平衡动作到现场检查发现，外熔断器熔丝熔断后，尾线未与保护管脱离。可能是外熔断器长期使用后性能不佳，在故障点处反复放电，形成导电通道，致使故障扩大化。

案例2：某在运220kV变电站，4号电容器组户外安装，采用单只500kvar、整组7500kvar、配电抗率5%串联电抗器，选用外熔断器与开口三角形配合保护方式。度夏期间，运维值班人员报电容器组不平衡动作，随即通知检修人员检查。现场检查发现，该组电容器发生群爆，几乎所有外熔断器均动作，部分电容器引出接线柱已断裂，个别严重的连引线套管炸裂。分析发现，单只电容器额定电流78.7A、内部无内熔丝，配套外熔断器额定电流100A。可试验检查的11只电容器中有8只已贯穿性放电，另外3只在交流耐压试验中击穿。怀疑系外熔断器与继电保护参数配合不当所致。

2. 原因分析

（1）案例1和案例2中，单台电容器容量均较大，且选用外熔断器与继电保护配合的方式。外熔断器的额定电流均在100A左右，据文献记载，额定电流在50A以上的外熔断器，尚不能通过全部型式试验项目。当外熔断路性能不佳出现拒动时，不能及时切除故障，导致故障扩大化。

（2）当外熔断器熔断特性差不能及时熔断，在稳态过电流和高频涌流共同作用下，发生多次熄弧和燃弧，致使注入故障点能量增大引发故障扩大。

3. 相关规定

《并联电容器装置设计规范》（GB 50227—2017）规定，用于单台电容器保护的外熔断器选型时，应采用电容器专用熔断器，外熔断器熔丝的额定电流可按电容器额定电流的1.37～1.50倍选择。在解释中提出，额定电流在50A以上的外熔断器还存在问题，尚不能通过全部型式试验项目，因此，选用时应慎重。

4. 运检要求

（1）加强并联电容器用外熔断器选型工作，要求厂家必须提供合格、有效的型式试验报告。型式试验有效期为5年。

（2）减少单台大容量保护选用外熔断器与继电保护配合的方式，单台大容量电容器选用带内熔丝的产品。建议采用内熔丝与继电保护配合的方式。

五、隔离（接地）开关选型

1. 故障案例简述

案例：某公司管辖并联电容器装置共计 562 组，单组最大容量 8016kvar（10kV 电压等级），单组最大额定电流不到千安，公司选用的隔离开关额定电流有 1250、2000A 的，均超过单组额定电流。但是，经统计并联电容器装置用隔离开关发热缺陷高达 120 余组，均短接处理，短接率达 21.3%。除去仅设置接地开关的、部分电容器组备用未投的，短接站实际投运的比例可能更高。

2. 原因分析

（1）从参数匹配来看，隔离开关通流特性的选择不存在问题。造成这样的原因是厂家设备材质或制造工艺不佳及设备检修维护不到位。

（2）电力系统中更复杂的断路器、变压器等设备检修维护也未见如此多的缺陷。对于电容器厂家隔离开关通常都是外购件，成本压缩以及质量管控的不到位，都可能导致隔离开关性能不佳。

3. 相关规定

对于隔离开关的选择，应满足额定短时耐受电流和额定短路持续时间的选择；应满足额定峰值耐受电流和接地开关的额定短路关合电流的选择；应考虑正常电流负荷和过电流负荷的情况、存在的故障条件等。

4. 运检要求

（1）应加强隔离（接地）开关选型工作。建议可选用高一等级的产品，同时考虑引入诸如镀银层等金属检测手段，提升入网设备质量。

（2）考虑经济性时，可考虑在电源侧仅设置检修接地开关。不仅能节省投资，还能降低后期缺陷率，同时也能满足检修时设置接地点的需要。

六、导流部件的参数选择

1. 故障案例简述

案例 1：某新建 110kV 变电站，共 4 组电容器，单只容量 400kvar、单组容量 3600kvar、配套电抗器电抗率为 5%，采用外熔断器加开口三角形状的保护方式。设备投运不到两天便发生不平衡动作，现场检查发现除外熔断器熔断外，其他设备未见异常。更换外熔断器后再次投运，不到两天又不平衡动作。再次检查发现，运行值班人员提供的外熔断器额定电流为 50A，低于单台电容器额定电流 62.9A。更换 100A 的外熔断器后，至今未接到报不平衡动作信息。

案例 2：某在运 220kV 变电站，3 号电容器组单只容量 4500kvar、单组容量 8100kvar。度夏期间，运维值班人员报不平衡动作。现场检查发现，电容器 A 相至中性点铝排间连接铜绞线烧断，且 B、C 相至中性点间隔连接的铜绞线也有明显烧蚀痕迹。试验检查，该组电容器间隔内设备未见异常。怀疑是铜绞线载流量不足所致，更换大一级截面铜绞线后，设备运行正常。

2. 原因分析

（1）外熔断器用来保护单台电容器，其额定电流小于单台电容器的额定电流，配置看似很合理。但是电力系统是动态变化的，通过电容器的电流，还受工频稳定过电压、系统谐波等影响，因此要求电容器过负荷能力，应能在有效值为 1.3 倍额定电流的稳定过电流下运行。考虑系统影响及运行要求时，外熔断器的额定电流小于单台电容器的额定电流的配置就不合理了。更换更高额定电流等级的外熔断器后，设备运行正常，恰好就是有力证据。

（2）选取恰当电流密度是电力系统中保证载流部分安全可靠运行的前提。案例 2 中一相连接铜绞线烧断，另外两相存在明显烧蚀痕迹，而其他设备未见异常，说明载流导体设计不合理，超过允许长期载流量限制时就会引起故障。

3. 相关规定

《并联电容器装置设计规范》（GB 50227—2017）中有如下要求：

（1）用于单台电容器保护的外熔断器熔丝的额定电流可按电容器额定电流的 1.37~1.50 倍选择。

（2）单台电容器至母线或熔断器的连接线应采用软导线，其长期允许电流不宜小于单台电容器额定电流的 1.5 倍。

（3）并联电容器装置的分组回路，回路导体截面应按并联电容器组额定电流的 1.3 倍选择，并联电容器组的汇流母线和均压线导线截面与分组回路导体截面相同。

（4）双星形接线电容器组的中性点连接线和桥形接线电容器组的桥连接线，其长期允许电流不应小于电容器组的额定电流。

（5）并联电容器装置的所有连接导体应满足长期允许电流的要求，并应满足动稳定和热稳定要求。

4. 运检要求

（1）加强单台用外熔断器参数校核。特别是对于相电压差、桥差保护等有串联段的情况，因为此时单台电容器的额定电压仅为相电压的一半，甚至更低，计算时应认真核对。

（2）连接线应采用软导线。单台电容器间连接导线，一般用软铜绞线。运行经验表明，电流密度建议不高于 2~3A/mm²。

（3）矩形母线载流量的校核。应参考《导体和电器选择设计技术规定》（DL/T 5222—2005）中，关于各类型矩形导体允许长期承受载流量的规定。施工工艺、质量等，应满足《电气装置安装工程 母线装置施工及验收规范》（GB 50149—2010）中的有关规定。

七、保护回路二次空气开关配置的要求

1. 故障案例简述

案例：某 220kV 变电站，单组容量 10000kvar，配套串联电抗器电抗率为 5%，采用相电压差保护方式。度夏期间，设备频繁不平衡动作。现场试验检查，各相、臂等之间最大与最小电容量之比均不超过 1.05，恢复后不久再次不平衡动作。再次检查时，解开所有引线逐台测量，单台电容器电容量与额定值的相对偏差在 −5%～10% 之间，且初值差不超过 ±5%，均满足有关规程规定。再次检查发现，相电压差保护回路带有二次空气开关，每次保护报不平衡动作信号时，其均跳开。拆除二次回路空气开关后，未接该组电容器不平衡动作信息。

2. 原因分析

（1）一次设备多次检查，而且进行最严格的逐台检查，一次设备存在问题的可能性较小。

（2）由于电容器初始不平衡特性限制，初始不平衡相电压差整定值可能在数伏左右，一旦空气开关灵敏度高于继电保护整定值时，系统允许的误动就可能致使空气开关动作，从而报出不平衡动作信号。

3. 相关规定

查阅有关规程，对于并联电容器装置保护回路是否设置空气开关未见明确规定。

4. 运检要求

（1）并联电容器装置保护回路是否设置空气开关，应严格遵循设计并经分析确定。考虑到初始不平衡度的影响，当继电保护整定值根据系统需要取宽泛值时，建议不设置空气开关，以提高设备在运率，减少不必要的工作。

（2）加强并联电容器装置二次回路维护工作。根据检修计划，及时检查二次回路状态，如绝缘电阻测量等，避免因二次回路异常造成设备被迫退运。

第三节 设备运维管理措施的影响

一、改善并联电容器装置运行工况

1. 故障案例简述

案例 1：某新建 220kV 变电站，装有 6 组 10kV 并联电容器装置，单只容

量 334kvar、单组 8016kvar、配套串联电抗器电抗率为 5%，采用相电压差保护方式，户内敞开框架式布置（布置在同一电容器室），2016 年 3 月投运。自 2017 年 12 月始，相电压差保护频繁动作。事故后检查，各有数量不等的电容器单元损坏，电容值偏差超出允许范围，不能满足运行要求。损坏的电容器单元外观良好，套管无损坏、无渗漏油，器身未见鼓肚、破裂。返厂解体发现，其原因是电容器单元内固体介质材料——聚丙烯薄膜出现收缩、褶皱，引发热击穿所致。

案例 2：某在运 110kV 变电站，装有 4 组 10kV 并联电容器装置，单只 200kvar、单组 4800kvar，配套串联电抗器电抗率为 5%，采用开口三角形保护方式，户内柜式布置（每两组一个电容器室）。度夏期间，报不平衡动作信号。停电打开金属柜门，一股热浪扑面而来。试验发现，有电容器单元损坏。更换故障电容器单元后，投运并进行红外热像检测发现柜内温度较高。加强室内通风散热后，设备平稳度夏。

2. 原因分析

（1）案例中，一起经解体发现系热击穿所致，另一起加强通风散热后，设备运行平稳，均为运行温度控制不佳引起的电容器故障。

（2）并联电容器装置基本为已恒定负荷，一旦投运，便额定满载运行。近年来，并联电容器装置的模块化设计，大部分为同一室内布置整站无功设备，装置内电容器、电抗器均为产热设备，一般都靠空气自然冷却，通风措施不当产热量大于散热量时，电容器运行温度升高，破坏热平衡，造成热击穿。

3. 相关规定

《并联电容器装置设计规范》（GB 50227—2017）中要求，并联电容器装置的布置形式，应根据安装地点的环境条件、设备性能和当地实践经验选择。一般地区宜采用户外布置；严寒、湿热、风沙等特殊地区和污秽、易燃、易爆等特殊环境宜采用户内布置。

4. 运检要求

（1）应加大设备运维巡视，特别是度夏期间，一旦出现室内温度偏高，应检查通风装置工作是否正常，必要时可增加机械通风装置。

（2）加强红外热像检测工作，重点监督电容器壳体、连接部分等，超过一定限值时，应及时汇报。

二、防异物窜入引发故障

1. 故障案例简述

案例 1：某在运 110kV 变电站，1 号电容器组开关报过电流速断保护动作

跳闸信号。现场检查发现，该站电容器为户外框架式布置，电容器组汇流母排
A 相与 B 相间搭接一卷金属铁丝，造成相间短路。现场勘查发现，随着城市发
展该站周围房地产发展迅速，四周高楼林立，处于户外的电容器组犹如在"井
底"运行，漂浮物极易落入设备内引发故障。

案例 2：多个 220、110kV 变电站，框架式并联电容器装置出现过飞禽、蛇
等小动物窜入相间间隔内，引起短路故障。

2. 原因分析

异物窜入是上述电容器组故障发生的直接原因，对危险源分析防范措施不
到位是间接原因，更重要的是应根据地形、运行环境等的变化，因时因势做好
事故预防措施。

3. 相关规定

《并联电容器装置设计规范》（GB 50227—2017）中要求，并联电容器装置
应设置安全围栏，围栏对带电体的安全距离应符合《高压配电装置设计技术规
程》DL/T 5352 的有关规定；围栏门应采取安全闭锁措施，并应采取防止小动
物侵袭的措施。

4. 运检要求

（1）强化事故预防分析。应根据运行工况加强户外框架式并联电容器装置
防异物窜入措施，如绝缘化裸露导体、搭建简易房屋等。

（2）加强可研初设审查。对于市区内新建变电站，建议设计柜式并联电容
器装置。

三、降低电容器组运行噪声

1. 故障案例简述

案例 1：某位于市区内的新建 220kV 变电站，装有 6 组 10kV 并联电容器
装置，配套串联电抗器电抗率为 5%，户内敞开框架式布置，布置在二楼电容
器室。投运伊始，周围居民频繁投诉噪声音异常，屋内各个点实测噪声在 40～
84dB 之间，部分测量点超过标准规定值。随即停电检查，一次专业检查所有紧
固件力矩符合要求；试验专业进行停电试验，未见异常。逐个投运，并再逐个
测量声音。检测发现，随着投运组数增加，声音逐渐增大，而且呈现位置不同
各个监测点噪声或增或减。

案例 2：某公司对在运变电站电容器室进行声音监测。统计分析发现，选
用空芯电抗器及油浸式串联电抗器的设备噪声一般满足有关要求。选用铁芯串
联电抗器的设备位于二楼时噪声水平普遍高于一楼，部分运行年限长的铁芯串
联电抗器即使在一楼运行时噪声也超规定值。

2. 原因分析

（1）铁芯电抗器与空芯电抗器相比有铁芯，工作时励磁电流产生磁场，励磁过程中会有声音，故一般而言铁芯电抗器运行声音要高于空芯电抗器。

（2）铁芯电抗器工作在一定频率，安装于二楼时可能会与楼板产生或接近共振从而使声音放大，此外布置在同一室内的电抗器发出的声音存在声音反射、叠加等，都会使声音放大。

（3）铁芯电抗器过载或设备质量不佳引起铁芯饼松动等都会使运行声增大。

3. 相关规定

关于串联电抗器声级水平的有关要求，可参考《高压并联电容器用串联电抗器订货技术条件》（DL 462—1992）及现行国家有关规定的要求。

4. 运检要求

（1）对运行中非设备质量原因造成的声音异常，可通过安装吸音棉、隔音板等降低对周围居民的影响。

（2）优化可研初设。条件允许时，可选用运行性能良好的空芯电抗器。如需选用铁芯电抗器时，应尽量避免多组布置在同一室内，尤其应避免在二层及以上楼层的同一室内多组布置。

（3）强化设备质量验收。选用铁芯电抗器时，建议选用磁密设计不大、质量佳性能稳定的产品。同时加强设备过负载能力、声级水平验收。

第四节　设备检修维护策略的影响

一、并联电容器装置检修维护要求

1. 故障案例简述

案例 1：某在运 110kV 变电站，电容器组户外布置。度夏期间，报过电流速断保护动作跳闸。现场检查发现，电容器组内外刀闸为 1987 年产品，已运行 20 余年。运行过程中，受风吹、日晒、雨淋等影响，支柱绝缘子等绝缘件老化严重，有放电痕迹，是绝缘件击穿故障。此外，金属部件也存在锈蚀、氧化情况，以及拉紧弹簧、夹件等退火疲劳情况。

案例 2：某在运 220kV 变电站，电容器组户外布置，产品型号为 TBB10-6012/334-AC（5%），电容器单元型号为 $BAM_311/2/\sqrt{3}$-334-1W，串联电抗器型号为 CKSC-300/10-5，电容器组额定电流 315.5A。度夏期间，7 号电容器组报相电压差动保护动作。现场检查发现，有 1 台电容器单元损坏，瓷套炸裂被污染，软连接线发黑、松散、断裂、线夹发生熔焊粘连，电容器单元导杆、线夹发黑。仔细检查，电容器单元器身未见鼓肚、破裂，套管顶部和底部未见渗漏油。检查未受损电容器，有不少软连接线与套管紧固不到位情况。

案例3：对度夏期间，并联电容器缺陷统计分析发现，发热缺陷比重较大。停电检查发现，多数是由螺栓紧固不到位、接触面氧化、铜铝过渡处理不当等原因造成。

2. 原因分析

（1）案例1中，支柱绝缘子等绝缘件老化严重，导致击穿放电，这是故障发生的直接原因。此外金属部件存在锈蚀、氧化、弹簧退火等情况，说明该组电容器检修维护还有待加强。

（2）案例2中，瓷套炸裂说明故障能量不小，从软连接线发黑、松散、线夹发生熔焊粘连可以看出故障并非突发性，而是渐进过程。对未受损电容器检查发现，存在不少软连接线与套管紧固不到位情况。当线夹和螺母紧固不到位时，会引起导流面积减小，使得接触电阻增大，运行时引起接触部位发热，继而引发导线发热，使其氧化发黑、脆裂。导线持续发热，温度升高，进而使得线夹和导线发生熔焊。高温熔融状态的金属液体沿着套管滴流，使得套管受热碎裂。分析不难得知，该组电容器故障的直接原因是套管线夹与螺母紧固不到位。

（3）电网规模不断扩大，入网设备增多，检修维护单位压力骤增。加上多数企业将电容器归为"四小器"管理，重视程度不高，这也间接导致无功设备缺陷逐渐增多。

3. 相关规定

现有规程中对并联电容器装置的常规检修维护，侧重于试验检测。

4. 运检要求

（1）加强日常巡视工作。对运行中设备开展红外热像检测，检测应包含电容器及其所有电气连接部位，图谱应无异常温升、温差和/或相对温差。

（2）定期检修维护。按照一定周期进行检修维护，重点检查电容器单元、瓷套管表面、导体及连接部件等，要求电容器单元无变形、无锈蚀、无裂缝、无渗油；瓷套管表面应清洁，无裂纹、破损和闪络放电痕迹；各导电接触面符合要求，安装紧固有防松措施，引线与端子间连接应使用专用压线夹，电容器之间的连接线应采用软连接。

（3）重点维护策略。对度夏度冬期间运行时限长、户外运行等运行工况差的设备，在大负荷前后应考虑加强检修维护。

二、外熔断器检修维护要求

1. 故障案例简述

案例 1：某在运 110kV 变电站，度夏期间用电负荷增大，计划增投 1 号电容器组。投运不足半天后，报不平衡动作跳闸信号。现场检查发现，系外熔断器熔丝熔断，其他设备均未见异常，更换外熔断器后重新投运。运行至晚上，再次不平衡动作。随即技术分析，并核对现场设备参数情况，发现每次熔断都是 B 相 3 号电容器单元配套的外熔断器。对比参数发现其使用外熔断器的额定电流较其他的小一个等级。

案例 2：对因外熔断器故障引起电容器组被迫退运的事件分析发现，外熔断器参数配置不当、安装角度不满足技术要求、熔丝熔断特性差等原因已成突出问题。

2. 原因分析

（1）单台电容器保护用外熔断器人为设置薄弱点，参数配合不当易诱发故障。尤其是在运行中，随缺陷单个更换外熔断器熔丝，直观观察熔丝差异不大，当大量熔丝集中管理不善时，容易引起配大或配小情况发生，引发故障。

（2）外熔断器，尤其是尚未通过所有型式试验的大规格外熔断器，安装工艺控制不当、产品质量不佳等都会引发后期电容器组故障。

3. 相关规定

《并联电容器装置设计规范》（GB 50227—2017）中对外熔断器的选取有明确规定。《国家电网有限公司十八项电网重大反事故措施（2018 年修订版）》要求加强外熔断器选型工作，并要求对安装 5 年以上的户外用外熔断器应及时更换。

4. 运检要求

（1）加强外熔断器管理工作。各种型号的外熔断器应分类存放，每次更换时应按规程进行参数核算。

（2）加强定期维护措施。随电容器组小修例行试验工作，检查熔丝无断裂、虚接，无明显锈蚀，熔丝与熔管无接触；更换后外熔断器的安装角度应符合产品安装说明书的要求。

（3）重点维护策略。安装 5 年以上的户外用外熔断器应及时更换，建议户内用外熔断器根据状态评价结果适时更换。

（4）设备选型策略。鉴于 50A 以上外熔断器尚不能通过所有型式试验项目，对于单台大容量电容器单元建议选用带内熔丝的设备。

三、并联电容器装置减容运行的影响

1. 故障案例简述

案例 1：某在运 110kV 变电站，户外安装 2 组单只 200kvar、单组 4800kvar，配套电抗率为 5% 的串联电抗器，采用外熔断器与开口三角形保护方式。度夏期间，1 号电容器组报不平衡保护动作。现场检查，发现有一只损坏，为保障度夏期间无功需求，每相退运一只继续运行。投运一段时间后，再次不平衡动作，由于配件未到货又减容运行，直至每相减容三只后，安全起见整组退运。

案例 2：对近年来公司系统内并联电容器装置减容运行情况分析发现，不得已适当减容运行对保障无功需求起到了积极作用，也未出现扩大性故障，但是减容带来的电容器单元损坏情况更加严重。

2. 原因分析

（1）并联电容器装置减容运行尚能保证无功出力，但是减容后剩余与其并联的电容器单元因容抗升高而承担过电压运行，考虑到可能造成的电容器单元过载，正常运行的电容器单元易发生损坏。

（2）减容运行后，会减小并联电容器装置的实际电抗率。若串联电抗器仅承担限制合闸涌流作用，影响尚能承受。但当串联电抗器还用来抑制谐波时，减容运行会使流入电容器支路谐波增大，严重时产生谐振，这都将进一步导致电容器单元损坏。

3. 相关规定

《国家电网有限公司十八项电网重大反事故措施（2018 年修订版）》中要求，对于内熔丝电容器，当电容量减少超过铭牌标注电容量的 3% 时，应退出运行，避免电容器带故障运行而发展成扩大性故障。对用外熔断器保护的电容器，一旦发现电容量增大超过一个串联段击穿所引起的电容量增大，应立即退出运行，避免电容器带故障运行而发展成扩大性故障。

4. 运检要求

（1）为保证电能质量，并联电容器装置可按规定要求适当减容，但需尽快满容处理。

（2）当电容器组内串联电抗器兼有抑制谐波作用时，减容时应慎重。应在分析负荷情况的基础上经计算，避免减容后造成电容器支路谐波异常，或采取有效的谐波抑制措施后方可减容运行。

参 考 文 献

[1] 电力行业电力电容器标准化技术委员会. 并联电容器装置技术及应用. 北京：中国电力出版社，2011.

[2] 刘国林. 电工学. 2 版. 北京：人民邮电出版社，2005.

[3] 国家电网公司人力资源部. 国家电网公司生产技能人员职业能力培训专用教材　变电检修上. 北京：中国电力出版社，2010.

[4] 马维新. 电力系统电压. 北京：中国电力出版社，1998.

[5] 沈文琪. 选好高压并联电容器的额定电压和绝缘水平. 电力电容器，2003（增刊）.

[6] 邱昌容，王乃庆. 电工设备局部放电及其测试技术. 北京：机械工业出版社，1994.

[7] 李电，金百荣，洪金琪，等. 真空断路器投切电容器组性能的现状及对策. 高压电器，2003.

[8] 张仁豫，陈昌渔，王昌长. 高电压试验技术. 北京：清华大学出版社，2003.

[9] 汪启槐. 电网谐波电压对并联电容器的影响. 高电压技术，1984.

[10] 倪学锋，盛国钊，史班. 关于并联电容器过电压保护方式的分析. 电力电容器，1997.

[11] 史班. 高压并联电容器单台保护用断路器的选用导则. 无功补偿装置，2005.

[12] 施文冲. 现代电力无功控制技术与设备. 北京：中国电力出版社，2010.

[13] 王效华. 无功补偿电容器谐波过载问题的研究 [D]. 河南：郑州大学，2006. DOI：10.7666/d.y947557.